苏东伟 —— 著

认识、饲养、观赏金鱼

金鱼事典

JINGYU SHIDIAN

海峡出版发行集团
THE STRAITS PUBLISHING & DISTRIBUTING GROUP | 福建科学技术出版社
FUJIAN SCIENCE & TECHNOLOGY PUBLISHING HOUSE

撰写本书，缘于笔者还是金鱼玩家时，发觉市面上的金鱼书籍几乎都是从日本或大陆引进的，但是台湾的金鱼市场是同时并存大陆系、泰系（泰国）、日系（日本）三种金鱼体系，本想找一本同时介绍三种金鱼体系，并有较完整鉴赏分析与饲养管理的金鱼书，却发觉没有适合的。而笔者原为资讯与行销类书籍作者，遂有了"干脆自己来写一本金鱼书"的念头，本书也算是笔者多年来饲养金鱼所累积下来的相关经验总结。

笔者痴迷金鱼到"开了一间金鱼专卖店"的程度，也借此接触到社会各阶层的鱼友。我发觉初入门的新手，出现的问题多半是缺乏基本观念所导致；而养了两三年金鱼的鱼友，有些想法仍似是而非。要想成为进阶玩家，需先了解如何饲养与鉴赏金鱼，这其实是一门颇深的学问，涉及很多专业领域的内容。笔者在撰写过程中，受到各方前辈的指导，发觉自己仍存在许多不足，有很多细节仍需注意，撰写此书也对自己厘清金鱼知识与提升有很大帮助。

本书能完成推出，要感谢很多金鱼圈里前辈与好友的协助帮忙，以及相关水族同业的力挺。

感谢金鱼快讯版主Shih-hsien Chan，协助内容校对与提供部分照片。
感谢资深鱼友Isaac Meng，协助内容校对。
感谢宗洋水族，提供器材照片供本书使用。
感谢友浚生技，对硝化系统与滤材小节内容指导。
感谢繁殖达人张金振，对金鱼繁殖小节内容指导。

除了家人的支持之外，也要谢谢笔者店里一群可爱的鱼友，在本书撰写期间给予很大的鼓励，跟他们聊金鱼真的带给我很多快乐，这也是本书最终能完成的动力之一。最后希望阅读本书的读者，都能顺利饲养与鉴赏金鱼！欢迎来到多彩多姿的金鱼世界！

创意眼金鱼坊　苏东伟

2019年7月1日

第一章 认识金鱼

第二章　金鱼花色

第三章　金鱼品系鉴赏

第四章　饲养环境与方式

COCOAR2 AR增强现实　使用说明

❶ 拿起手机下载COCOAR2。

❷ 打开COCOAR2。

❸ 书上页码处有熊猫标志的，用此软件去扫描该页金鱼，即可不同角度观赏金鱼。

手机搜寻、下载COCOAR2

Android　　　　iPhone

第一章

认识金鱼

本章将介绍金鱼的基本知识，带您进入有趣的金鱼世界。

1-1 起源与分布

金鱼是由鲫鱼进化而成的观赏鱼，野生鲫鱼近似鲤鱼但嘴旁没胡须，是鲫鱼与鲤鱼外观最容易辨识的差异。

较为接近野生鲫鱼的银褐鳞朱文锦。

最早的金鱼起源于中国，最早是发现野生银灰色鲫鱼里有体色突变为金黄色、橘黄色的金鲫鱼，觉得具有观赏价值，因此宫廷贵族开始养殖在池塘中，后来流传到民间，经过不同时期的豢养改良，逐渐演变出不同品种，成为雅俗共赏的观赏鱼，又因为一开始最多的体色为金黄色，所以被命名为金鱼（亦有吉祥富贵的寓意）。

目前，金鱼有数百个品种，且仍然不断出现新品种，大致可以区分为以下几大类型。

1. 草种金鱼

俗称草金鱼，体形与其祖先鲫鱼较为相近，尖头长身有背鳍，游速快，容易饲养，竞争力与适应力较强。

2. 文种金鱼

体形俯视呈篆体的"文"字：鱼头是点，左右打开的胸鳍是一横，展开的双尾是左右两撇，具有背鳍。

红白和金。

红（橘）长尾琉金。

3. 龙种金鱼

眼大外凸，有如龙的眼睛，具有背鳍。

黑长尾龙睛。

4. 蛋种金鱼

体形短圆，近似卵形，没有背鳍，游泳能力通常较差。

黑白大陆兰寿。

5. 特殊种金鱼

无法归属于上述四大类型，或是同时具有上述两种类型以上特征的金鱼，笔者将之归类于特殊种。

包金龙睛兰寿，同时具有龙种的龙睛与蛋种的兰寿两种特征。

小贴士

● 金鱼科学分类为：辐鳍鱼纲鲤形目鲤科鲫属鲫鱼种金鱼亚种。

● 以大陆系金鱼的类型，还有一种具有争议性的分法，叫作龙背种金鱼，主要特征是眼大外凸如龙种金鱼，但同时又没有背鳍如蛋种金鱼，即兼具两种类型以上的特征，例如龙睛兰寿这个品种。由于这个品系金鱼较少，笔者就将其归纳在特殊种金鱼里。

中国金鱼在16世纪初传到日本、17世纪初传到欧洲、19世纪末传到美洲，特别值得一提的是"兰寿"这个品种，曾由日本改良后，又再回传到中国与泰国。

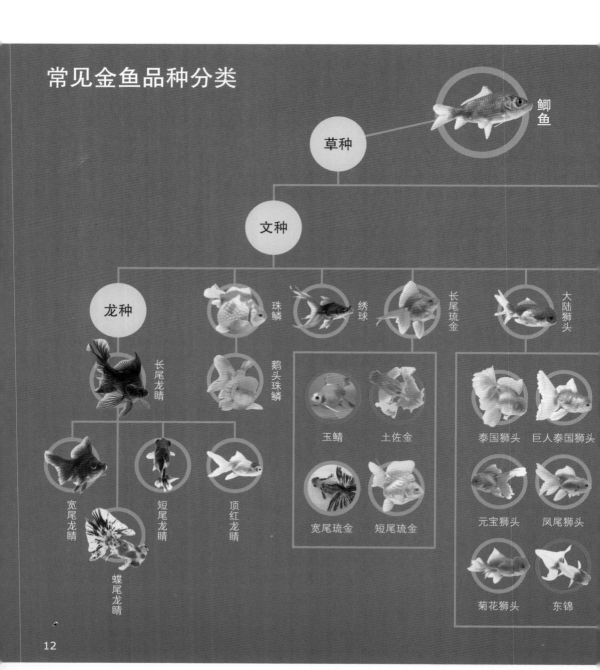

常见金鱼品种分类

草种

鲫鱼

文种

龙种

长尾龙睛

珠鳞

鹅头珠鳞

绣球

长尾琉金

大陆狮头

玉鲭

土佐金

泰国狮头

巨人泰国狮头

宽尾龙睛

短尾龙睛

顶红龙睛

宽尾琉金

短尾琉金

元宝狮头

凤尾狮头

蝶尾龙睛

菊花狮头

东锦

台湾的金鱼文化与市场十分有趣，同时兼容并蓄存在着多国品系金鱼，其中又以大陆系与泰国泰系金鱼为市场主流，日系金鱼则以少量日本进口与台湾本地个人繁殖为主。

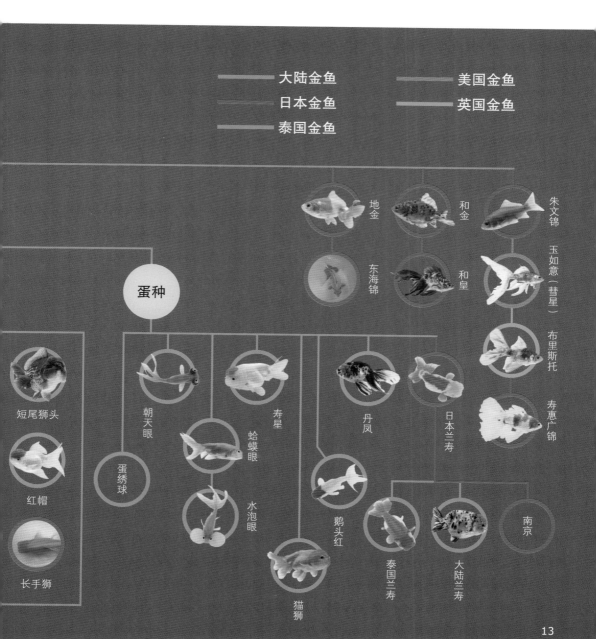

1-2 各部位名词

金鱼身体由头、躯干、尾三个部分构成。

1. 金鱼外形形态

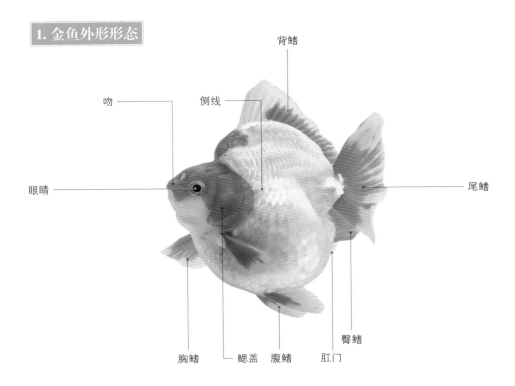

背鳍

吻　　　　侧线

眼睛

尾鳍

胸鳍　　鳃盖　腹鳍　　肛门

臀鳍

- **头部**

  前端口到鳃盖后缘，到胸鳍前缘。

- **躯干部**

  从鳃盖后缘到肛门或臀鳍前缘，身体两侧各有一条呈波浪状的侧线。

- **尾部**

  从肛门到尾鳍末端。

金鱼的侧线鳞一般有22~30个，能感受水流的方向与振动，以及水温的变化，是金鱼重要的感觉器官。

2.金鱼内部构造

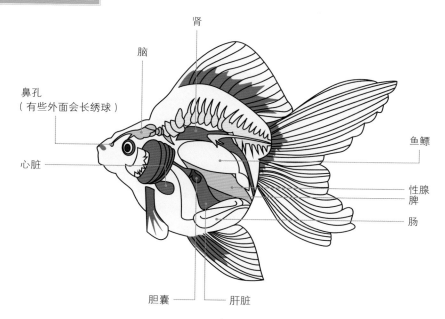

腎

脑

鼻孔
（有些外面会长绣球）

心脏

鱼鳔

性腺
脾

肠

胆囊

肝脏

3. 金鱼各测量部位标示

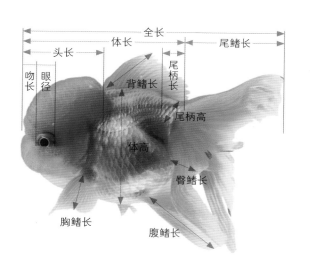

全长

体长

尾鳍长

头长

尾柄长

吻长

眼径

背鳍长

尾柄高

尾柄高

体高

臀鳍长

胸鳍长

腹鳍长

4.俯视金鱼常见名词

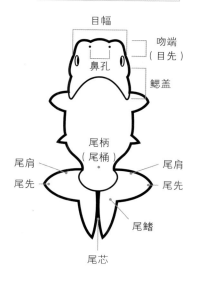

目幅

吻端
（目先）

鼻孔

鳃盖

尾柄
（尾桶）

尾肩

尾肩

尾先

尾先

尾鳍

尾芯

15

1-3 公母性征

　　母（雌）金鱼的体形大多比较短胖圆润，腹部肥大、触感松软，胸鳍比较短圆；公（雄）金鱼的体形大多比较瘦长，胸鳍也比较长与尖，但这些特征只是相对而言，不同品种的金鱼还是有视觉差异，对于一般初学者来说可能不容易领会，比较明显辨识的方法则是看较大体型金鱼的泄殖孔（较小鱼只仍有可能因性征模糊导致误判）。

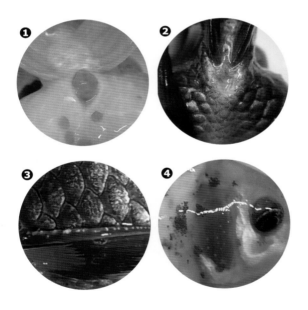

❶ 母鱼泄殖孔比较圆且外凸。

❷ 公鱼泄殖孔比较椭圆且内凹。

❸ 公鱼在发情时，胸鳍上缘第一个鳍条会出现白色颗粒状的凸出物，俗称"追星"。

❹ 公鱼在发情时，在鳃盖上也会有白色颗粒状的凸出物（追星）的出现。

很多刚接触金鱼的鱼友，往往会把胸鳍或鳃盖上出现的追星
误以为是鱼只生病，乱下药治疗，反而导致其他问题。

1-4　体形

　　根据金鱼的体形，大致上可将金鱼分成和金型、琉金型、狮头型、兰寿型四大类型。

1. 和金型

　　尖头长身有背鳍的草种金鱼，泳速快，容易饲养，竞争力与适应力较强，以和金最具代表性，不同尾形变化为各式各样品种，例如朱文锦、玉如意、布里斯托朱文锦、寿惠广锦、地金、东海锦、和皇等。

虎斑和金。

2. 琉金型

　　和金型金鱼若背幅往上隆起，就变成尖头高背的琉金型金鱼，以长尾琉金、短尾琉金、宽尾琉金最具代表性，此类型金鱼还有土佐金、龙睛、蝶尾、珠鳞、绣球等。

红白长尾琉金。

3. 狮头型

　　琉金型金鱼若头部产生肉瘤，就是头瘤凸起的狮头型金鱼，以大陆狮头为起源，此类型金鱼还有泰国狮头、巨人泰狮、短尾狮头、元宝狮头、凤尾高头、红帽、菊花狮头、东锦、长手狮等。

黑元宝狮头。

紫大陆兰寿。

4.兰寿型

兰寿型的金鱼，体形如蛋(卵)，无背鳍（部分没有头瘤），以兰寿最具有代表性，此类型金鱼还有丹凤、南京、寿星、猫狮、鹅头红、朝天眼、水泡眼、蛋绣球等。

1-5 头形

虎斑玉如意。

1.尖（平）头

完全没有头瘤的金鱼，俯视时头为尖头，草种金鱼跟琉金类金鱼都是属于这样的头型，玉如意就是最典型的例子。

2.高（鹅）头

头瘤只长在头部上方，头的两侧与下方没有瘤（或不发达），鹅头珠鳞、高头狮头就是最典型的例子。

黄色奶油头瘤的白高头大陆狮头。

快褪完黑色的包头珠鳞。

3. 龙头

　　侧视时看起来头瘤不大，但因吻端（目先）处有两颗圆球突起（称为"吻瘤"），所以俯视时头形会是比较钝的方头，好比龙的前端头形。

　　红白龙头泰国兰寿（右图所示），侧视时看不出来头瘤发达。

　　红白龙头泰国兰寿（左图所示），俯视时看起来头形是方（钝）头，是因为两颗吻瘤将原本尖头的头形补足成方头。

――――――小贴士――――――

在泰国兰寿里，还有区分为狮头泰寿与龙头泰寿。龙头泰寿又被称为"水牛头"，吻端（目先）像水牛的两只角般突出明显；狮头参考下一页说明。

4. 狮（虎）头

　　好比雄狮的狮鬃，在头部的上下左右四周，都有头瘤包覆，玩家也常以"爆头"来称呼这种头瘤最为发达的头形，但头瘤里的缝隙容易残留脏污或分泌物，导致烂头等病况，需多留意水质。

红（橘）元宝狮头。

没有背鳍的蛋种金鱼，丹顶虎头寿星。

1-6 尾形

1. 鲫尾

跟金鱼祖先鲫鱼相同的尾形，称为"鲫尾"。朱文锦就有接近鲫尾的尾形。

2. 燕尾

鲫尾拉长版就是燕尾，像燕子尾巴般分岔的尾鳍。玉如意的尾就是典型的例子。

3. 心形尾

尾鳍呈心形，又称为"爱心尾"，布里斯托朱文锦就是典型的例子。

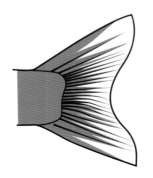

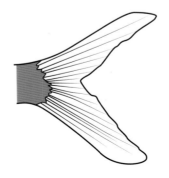

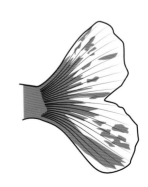

4. 扇形尾

由布里斯托朱文锦演化出的寿惠广锦，尾形由心形尾演化为更大面积的扇形尾，"寿惠广"就是日语"扇子"的意思。

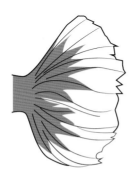

5. 四片尾（四尾）

尾鳍的中心分离成两边（有开尾），每边的中间有一个V字形凹陷进去，所以俯视看起来像有四片尾，大部分长尾金鱼都是此种尾形，一般俗称的"凤尾"，主要也是指此种尾形。

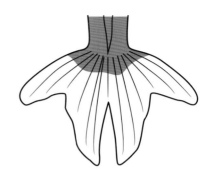

6. 三片尾（三尾）

像四片尾的尾形，但是尾鳍的中间接合起来（不开尾），两边的每边中间有一个V字形凹陷进去，所以俯视看起来像有三片尾，也称为"平付尾"。

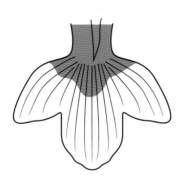

7. 樱尾

接近三片尾的尾形，但是尾芯前端略微分离（部分开尾），像樱花的尾形，称为"樱尾（樱花尾）"。

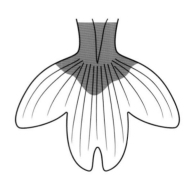

8. 蝶尾

俯视时尾形水平展开如蝴蝶的蝶翼，两侧的每边中间不太有V字形凹陷进去。最具代表性的品种是蝶尾龙睛。

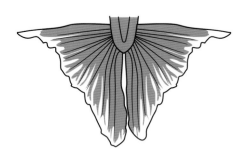

9. 宽尾

尾形几乎跟蝶尾一样，差别在蝶尾的尾形呈约180°水平展开，而宽尾的尾形下垂约45°角。最具代表性的品种是宽尾琉金、泰国狮头。

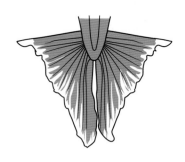

10. 孔雀尾

由后方观看呈X形的尾形，像孔雀开屏。此尾形最主要的品种就是地金。

11. 翻转尾

尾鳍的中间接合起来（不开尾），尾鳍像波浪般，还往前翻转的华丽尾形，也称为"反转尾"。此尾形最主要的品种就是土佐金。

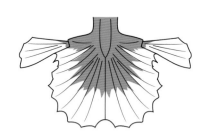

小贴士

还有一种"裙尾"，指的是像女生穿的长裙，主要是蝶尾、宽尾、四片尾、三片尾这类尾形的加长延伸版，但因此尾鳍很长，支撑力不够，所以当鱼只静止不游动时，该尾鳍就会显得下垂。

左图为尾鳍特长的五花蝶尾龙睛，这样的尾形可以称为"裙尾"。

1-7 鳞片类型

1. 硬鳞

　　硬磷，又称为"普通鳞""正常鳞""亮鳞"，整个鳞片不透明，会反光，是最常看到的金鱼鳞片类型。

百折尾（宽尾）的橘（金）泰国狮头。

纯白短尾琉金。

2. 软鳞

　　软鳞，又称为"透明鳞""水晶鳞"，几乎全部都是不会反光的半透明鳞。全部红色的透明鳞，通常称为"全红软鳞"；全部白色的透明鳞，称为"全白软鳞"。依此类推，如果是软鳞的红白色会有模糊晕开的视觉效果，则称为"樱花色"。

全红软鳞的朱文锦。

右边这只为全软鳞朱文锦，尾巴有部分就是红色模糊晕开的樱花色，拍摄时用较强光，可以很明显看到鱼只呈半透明，可透出鱼只粪便。

3. 半软鳞

半软鳞，又称为"马赛克透明鳞"，半软鳞其实就是软鳞的金鱼包含有部分的硬鳞。有些鱼友初次见到半软鳞的金鱼，可能会觉得这是不是掉鳞或是生病，其实半软鳞金鱼有其特殊韵味，红白配色的半软鳞通常称为"樱花亮鳞"，较多花色的半软鳞通常称为"五花亮鳞"。

橘（金）半软鳞的大陆兰寿。

樱花亮鳞的大陆兰寿。

红头五花亮鳞的大陆兰寿。

小贴士

笔者在解释金鱼的鳞片时，常常喜欢用名片印刷工艺来做比喻。金鱼的硬鳞会反光，就好比亮面的名片；金鱼的软鳞不反光，就好比雾面的名片；金鱼的半软鳞交错，就好比名片里面的局部上光。

4. 珍珠鳞

鳞片钙化凸起成珠状，故称为"珍珠鳞"，主要是珠鳞、鹅头珠鳞类的金鱼，体表才会产生这种半圆形鳞片。珍珠鳞虽然比其他金鱼含有较多的钙质而较硬，但是容易受伤与掉落，日常饲养时要避免碰伤其鳞片或避免与活动力较强的品种混养。

体形浑圆的红白珠鳞。

1-8 眼部类型

1. 正常眼

如果金鱼的鱼鳞是硬鳞或半软鳞，通常此鱼的眼眶大概会呈现银框、橘框、红框等颜色，也有同时一个眼眶里有两三色并存的现象，通常会称呼这类眼眶的眼睛是正常眼。

红帽。

玉兔大陆兰寿。

五花短尾琉金。

最常见的银眼眶，此为红帽。

如果是红眼眶加上纯白色的身体，通常会称之为"玉兔"，类似红眼睛白兔子的配色，此为玉兔大陆兰寿。

同时具有多种颜色眼眶的称之为五花短尾琉金。

2. 葡萄眼

　　葡萄眼多半出现在有软鳞的金鱼身上，右图这只鱼整个眼睛看起来都是黑色的，就像一颗黑色的葡萄。造成葡萄眼的原因，主要是其眼眶也是透明的，所以直接显示出整个金鱼眼球的黑色。有些喜欢葡萄眼的鱼友，会特别挑选两眼都是葡萄眼的金鱼，认为比较可爱。当然这是个人主观的偏好，不喜欢的鱼友，往往觉得葡萄眼的金鱼长得很空洞奇怪或是瞎了。

葡萄眼的纯白珠鳞。

小 贴 士

软鳞金鱼里，遇到一眼正常眼而另一眼是葡萄眼的情况有蛮高的概率，通常称这样的情况是"阴阳眼"。

3. 凸眼

　　凸眼最具代表性的就是龙睛类金鱼。挑选凸眼金鱼，首先需留意其左右两眼是否差不多一样大（两眼大小不一通常会被视为次品），且最好凸眼大而明显，以能够呈现出品种特征为佳，此外还应避免眼睛有白内障（凸眼金鱼容易有此问题且后期无法治愈）。凸眼金鱼里如果要细分，还有更硕大夸张类似蚕豆的"蚕豆眼""腰子眼"，若眼睛透明的水晶体往外延伸，看似灯泡或灯管，则被称为"灯泡眼"。

凸眼有头瘤的顶红龙睛。

眼睛有白内障的短尾龙睛。

4. 朝天眼

　　朝天眼不仅是眼部类型，也是朝天眼这个品种的名称，也称为"朝天龙""望天眼"。两眼整个朝上，适合俯视欣赏。挑选时需留意左右两眼最好差不多大，且不要有一眼高一眼低的情况，并且要避免眼睛有白内障。

眼睛朝上很逗趣的橘（金）朝天眼。

5. 蛤蟆眼

橘（金）蛤蟆眼。

　　蛤蟆眼又称为"蛙眼"，其实就是下一个眼部类型——水泡眼的前身，也就是所谓的"硬泡"，是在眼眶下端产生了一个很小的水泡，有点类似人眼睛底下的卧蚕或眼袋，但由于视觉效果比较不明显，观赏起来较不受玩家欢迎，所以目前市面上很少见此鱼种与眼形。

6. 水泡眼

　　水泡眼属于"软泡"，就是在眼眶下端产生了一个较大的水泡，由于泡内是液体（淋巴液），所以当鱼游动起来时，双泡有一种浮动的趣味性。适合俯视，挑选时需留意左右两泡是否差不多大，避免挑选到大小泡。

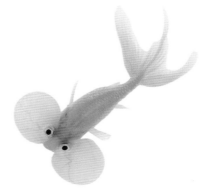

泡壁比较薄且颜色浅时，会看到泡上有血丝，其实这是正常的血管呈现。此为橘（金）水泡眼。

第二章

金鱼花色

金鱼有着多彩多姿的体色表现，
本章将带您了解金鱼有哪些花色。

2-1 金色

　　既然叫做金鱼，当然最多的体色就是硬鳞的金色，几乎任何品种的金鱼，都会有金色的体色，尤其在明亮的光线照耀下，更显得金光闪闪，贵气十足。

金水泡眼。

金日本兰寿。

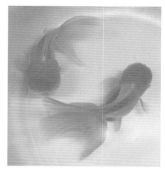

金大陆狮头。

2-2 红色

红猫狮。

红长尾琉金。

　　此为硬鳞的红色，虽称之为"红"，但许多红体色鱼，实际呈现出的颜色都偏橘色，全部体色为鲜红色的金鱼难得一见。红色、橘色为金鱼里最常见的体色，红色往往代表喜气洋洋、大吉大利。

2-3 红白色

　　下图左为硬鳞的红白色（橘白色）鱼，日本称为"更纱"，如果红色比例多于白色则称为"赤胜"，如果白色比例多于红色则称为"白胜"。一尾好的红白金鱼，玩家会希望是配色鲜明、界线分色明显、左右红白比例接近对称、花纹分布有趣或特殊。

　　挑选红白配色金鱼时，玩家们偏爱红与白两色能切色分明，并且左右的红白配色大致分布均匀对称者，例如右下的红白珠鳞，红白两色大约各占了一半，配色就很鲜明漂亮。

红白（白胜更纱）元宝狮头。

红白（赤胜更纱）宽尾琉金。

红白珠鳞。

根据红白搭配的位置、比例等不同，还有许多种讲法，以下列举一些比较常见通俗的说法。

● 丹顶

身体纯白或大部分为白色，只有在头顶有一个全红且接近圆形或矩形（或是在头顶肉瘤上）的图案，称为"丹顶"，也有"顶红""红帽"这样的说法。

丹顶寿星。

红帽狮头。

● 玉印

跟顶红相反的配色，身体全红或红白，只有在头顶有一个全白且接近圆形或矩形的图案，称为"玉印"，意思是好像盖一枚白色的印章在上面。

玉印大陆狮头。

● 玉面

身体全红或红白，只有头部呈现白色，这样的配色被称为"玉面"。

玉面大陆狮头。

红白两色切线分明的玉面大陆兰寿。

● 齐鳃红

身体纯白或接近全白，只有头部呈红色（两侧只红到鳃盖），这样的配色被称为"齐鳃红"，也有更简单直接的称呼——红头。

● 红通背

有着由头红到尾的吉祥说法，叫作"红通背"，必须由头部开始一路到尾巴都是红色且不间断，鱼头与身体的两侧为白色，如果能够两侧切色分明，俯视时视觉效果就会很漂亮。

齐鳃红狮头泰国兰寿。

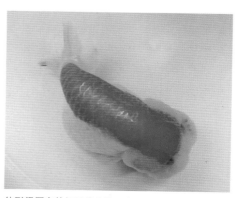

体形很厚实的红通背大陆兰寿。

● 鹿子

　　背部或两侧腹部分布有许多像鹿皮的斑纹，就称为"鹿子"。斑纹大多是红色，黑色斑纹的鹿子配色称为"黑鹿子"，也有鱼友戏称黑鹿子为"烤玉米"。

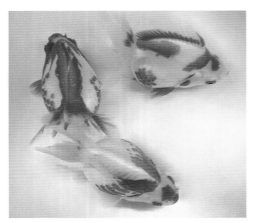

身体有明显红色斑点的鹿子蝶尾龙睛。

这3只红白短尾琉金，都有鹿子花纹的表现。

● 口红

　　头部全白或接近全白（身体颜色不限），鱼嘴上有如擦了红色的口红。

这只玉面大陆狮头的嘴上就有鲜红色的口红配色。

● 十二红

　　"十二红"是非常稀有、判定条件严苛的红白配色珍品，指金鱼身上有十二个部位呈红色，其他部位为纯白且没有其他杂色，这十二个部位为双眼、口、背鳍、双腹鳍、双胸鳍、四尾鳍（也有说法是把臀鳍也算两红，而尾鳍以左右边各当成一片红计算），最著名的品种是十二红蝶尾龙睛。若没有口红或背鳍没有红（或是蛋种金鱼没有背鳍），则称为"十一红"。

十二红的判定很严格，像上图的鱼身侧面与鱼腹有参杂到红色，就不能称为十二红。

十二红蝶尾龙睛。

　　另一只蝶尾龙睛，腹鳍、臀鳍可以计算成四红，尾鳍可以计算成两红（或四红）。

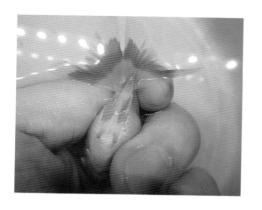

日本称红色为"素赤"，如果身体全红且各鳍也全红无白色，则称为"猩猩"。

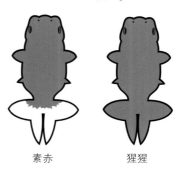

素赤　　　　　猩猩

2-4 白色

此为硬鳞的白色，在以前鱼场一些老一辈师傅的观念里，会认为白色金鱼没有色彩不讨喜，所以往往在小鱼筛选时期就当成淘汰鱼，但近年来由于玩家们欣赏观念在转变，反而喜欢不一样的特殊颜色，但要找到身体纯白完全无杂色的金鱼，不那么容易。

纯白元宝狮头，头瘤也偏白色。

有头瘤类的白色金鱼，有些头瘤会呈现奶油黄色，这种黄色头瘤称为"奶油头"。此为奶油头纯白大陆狮头。

如果鱼体全身白色，但是眼眶为红色，则称为"玉兔"。此为奶油头玉兔大陆兰寿。

2-5 黑色

　　此为硬鳞的黑色，也称为墨色。养黑色的金鱼，就是希望整只鱼黑乎乎的，挑选时应尽可能挑颜色深、腹部黝黑不要出现橘金色为宜。一尾漂亮的黑金鱼，观赏起来有类似黑绒布的高级质感。

黑色基因最稳定的品种，大概就是俗称"黑牡丹"的黑长尾龙晴。

黑泰国兰寿也是比较黝黑的品种。

黑元宝大陆狮头就比较难做到非常黝黑。

2-6 包金色

　　包金色为硬鳞的黑色与橘金色并存，也有"铁包金"这样的称呼，橘金色在黑色的陪衬之下更显得亮丽耀眼。但是"包金"这个配色，在小只金鱼里绝大部分都只是过渡色，慢慢地黑色会逐渐消失（所以也称为"虎剥期"），变成橘金色或红白的金鱼。若是金鱼比较大只还能有包金配色，通常才有比较高概率长久维持此配色。多照阳光、绿水养殖、喂食增艳饲料等方式，也有助于保持包金配色。

①

②

④

③

❶ 包金泰国兰寿，俯视呈现出"黑通背"的配色。

❷ 尾鳍上黑线条非常醒目炫丽的包金元宝狮。

❸ 上方黑色部分已经快褪完的包金朱文锦。　　❹ 有着红头黑身这样有趣配色的包金菊花狮头。

2-7　紫色

　　紫色属于硬鳞的花色，虽然称为紫，但其实比较接近金属古铜色或咖啡色，亦称为"茶金""紫金"。有些黑色金鱼褪色后也可能成为紫色，或金鱼幼鱼尚未转色时，也会有类似的体色表现。

尾张漂亮的紫泰国狮头。

小只的紫身红绣球。

紫大陆兰寿。

2-8　雪青色

　　雪青色属于硬鳞的花色，由于外观呈灰色银鳞，也有鱼友戏称此种颜色为"芋头色"，乍看颜色似乎稍嫌朴素，但由于此种体色深浅与光线折射有关，故常有不同的闪耀变化，亦有其风格趣味。日本称此配色为"青文"，由于常表现为有点泛蓝的青色，因此若体色稍深会被视为蓝色。

小只的雪青大陆兰寿，此鱼长9~10厘米。

有较大头瘤、身形更浑厚的雪青大陆兰寿，长12~13厘米。

图中短尾狮鳞片较接近黑银鳞，浅色的部分常为些许泛蓝的青色，因此也可以称为蓝短尾狮。

2-9 紫蓝花色

　　紫蓝花属于硬鳞，主要由雪青体色为基底，再点缀深浅不一的紫褐色或蓝色，日本称此配色为"玛瑙"。由于颜色比雪青色更多，因此光线折射时会更加有趣炫丽，亦有一定机会从紫色蜕变成紫蓝花配色，算是比较不常见的颜色。由于此配色很接近雪青配色，因此在日本仍称此配色为"青文"。

❶双色分色很分明（上面紫褐色，下面灰银色）的紫蓝花短尾狮。

❷有着紫通背的紫蓝花大陆兰寿。

❸紫蓝花蝶尾龙睛。

40

2-10 黑白色

此为硬鳞的黑与白色，此配色也被称为"熊猫"，属于较罕见的配色。因为黑色为不稳定基因，容易褪色，建议最好挑选黑色比例较多为宜。著名的黑白色品种为熊猫蝶尾龙睛、黑白兰寿，日本称此配色为"羽衣青文"。

产量稀少的黑白大陆兰寿。

黑白配色的熊猫蝶尾龙睛。

玉面黑身的黑白大陆狮头。

2-11 三色

三色是一种比较笼统的说法，常见的三色是黑与白加上橘、红、黄中一色，有可能是全硬鳞的三种色，也有可能是全软鳞的三种颜色，也有可能是软硬鳞交错的三种颜色硬鳞的包金、黑白产生的三色，通常是过渡色，较难长久保持。

半软鳞的三色蝶尾龙睛。

全软鳞的三色（红、白、黑）元宝泰国狮头。

硬鳞的三色蝶尾龙睛，通常为过渡色，鳍末端的黑色在一段时间后无法留存，最终会转色成红白蝶尾龙睛。

2-12 单色全软鳞

常见的单色全软鳞为白色与红色，所以通常称为"全白软鳞""全红软鳞"。鳃盖的部分由于是半透明不反光的软鳞，所以该半透明鳃盖会显现出里面鲜红的鱼鳃颜色，这是正常现象，并不是鱼只有异常。

身体为全红软鳞的蝶尾龙睛。

全白软鳞葡萄眼朱文锦。

2-13 樱花

　　红白但又全软鳞就称为"樱花色"，有模糊晕开的粉嫩感觉，若为红白配色的半软鳞，通常称为"樱花亮鳞"。有些鱼友一开始会不喜欢花鱼里的黑色墨斑（觉得脏脏的），所以粉嫩的樱花色就变成许多刚接触软鳞花金鱼鱼友的首选。

　　绝大部分都是软鳞的樱花大陆兰寿，简单来说，就是红白色的软鳞版本。

樱花亮鳞大陆兰寿。

软鳞的大陆兰寿。

樱东锦。

2-14 蓝背

　　由灰蓝色与白色构成（有时会带少数黑墨点），大多为全软鳞，有着晕开的如梦幻般蓝天白云样的配色效果，蓝色通常分布在背上面的区域，此配色较为少见，也有鱼友戏称此种配色为"海豚"。

蓝背短尾龙晴。

蓝背长尾珠鳞。

蓝背蝶尾龙晴。

2-15 五花

有四五种以上的颜色在一起的软鳞，称为"五花"，若为五花配色的半软鳞，通常称为"五花亮鳞"，看起来非常具有古代中国风。

五花配色里，黑色墨斑比例较多，占较大片面积的，称为"重墨"。

❶ 红头五花大陆兰寿。

❷ 五花寿惠广锦。

❸ 重墨五花大陆兰寿。

❹ 重墨五花丹凤。

2-16　奶牛

在五花金鱼里，有一定概率可以找到"奶牛"配色，即近乎白（淡蓝）的全软鳞底色上有黑色斑纹，以像奶牛身体般有较多黑色斑块的为佳。由于能符合此种条件的配色非常稀少（不能有红橘色或是红橘色比例必须非常低），几乎可以说是玩家眼中的梦幻逸品，往往身价不菲。

2-17　云石

云石通常指的是部分软鳞的黑白（浅蓝）配色，加上黑色晕开的墨斑，看起来有点像水墨画，所以也称为"水墨"。

云石水泡眼。

软鳞比例较多的云石短尾琉金。

云石蝶尾龙睛。

2-18 虎斑

顾名思义，就是像老虎身上橘黄皮毛再加上黑条纹的霸气配色，也称为"虎纹""虎皮"或"熔岩"。通常为部分软鳞，此种花色较受男性欢迎。

黑纹分布很漂亮的虎斑大陆兰寿。

放射状线条尾鳍的虎斑泰国狮头。

黑纹分布很平均的虎斑玉如意。

2-19 麒麟

"麒麟"指的是看起来像中国古代祥兽麒麟兽，以黑色为基底但有部分亮鳞的配色。许多麒麟配色的金鱼，尾鳍会有黑色线条呈放射状，显得更加漂亮。如果腹部是黄色，称为"黄肚麒麟"；如果腹部是白色，称为"白肚麒麟"。

白肚灰麒麟泰国狮头。

红头麒麟短尾龙睛。

黄肚麒麟大陆兰寿。

2-20 白子

"白子"是指先天缺乏黑色素的体色，特点是眼睛为红色（非眼眶为红色），体表会有点微黄色。比较有名的品种为"白子黄化龙睛"，由于较少有鱼场养殖，现在已经不多见了。

一般的金鱼红眼睛，其实仅是眼眶为红色（眼珠还是黑色），只有白子的眼珠也是红色的。

白子黄化短尾龙睛。

第三章

金鱼品系鉴赏

从古至今，金鱼不断有新的品种出现，
也有不少品种消失。
但总体而言，金鱼品种数是不断增长的，
现在可能有上百个品系。
本章将介绍超过50种金鱼品种（包含各小节内
介绍的相近品种或延伸品种），
并分析如何欣赏、挑选该品种。

本章各品种内会有一个参考表格（如右），标示该品种的饲养难度（最简单为一颗星，最困难为五颗星）、泳速与竞争力（泳速最慢与竞争力最弱为一颗星，泳速最快与竞争力最强为五颗星）、头形、体形、尾形、适合欣赏角度，希望能以比较简单浅显的方式，让饲养者迅速了解该品种的特征，供购买及饲养参考。

品种名称	
饲养难度	★★★★★
泳速与竞争力	★★★★★
头形	尖头、高头、龙头、狮头
体形	和金型、琉金型、狮头型、兰寿型
尾形	鲫尾、燕尾、心形尾、扇形尾、四片尾、三片尾、樱尾、蝶尾、宽尾、孔雀尾、翻转尾
适合欣赏角度	俯视、侧视

3-1 草种金鱼

草种金鱼主要指的是尖头长身、比较接近鲫鱼原生种的流线型身形，体形为"和金型"，泳速较快、竞争力强。刚到新饲养环境时，建议鱼缸加盖，水位不要太高，以免鱼只跳缸，部分品种可以跟锦鲤混养。

1. 朱文锦

"朱文锦"是中国比较常见的讲法，日本称此品种为"朱文金"。这是最接近金鱼的祖先鲫鱼的品种，原本饲育应是作为观赏鱼，后来可能是因为繁殖容易，所以沦落为被肉食性鱼种食用，变成称斤论两贩售的廉价饲料鱼。除了普通的单色硬鳞花色之外，朱文锦其实有着相当丰富的软鳞体色变化，其他金鱼品种有的各类花色，几乎都可以在朱文锦里找到。

此品种虽然强健好养，但由于鱼店提供的饲养环境很差（因为是饲料鱼），所以购买回去最好经过较长时间的检疫，才会容易存活。若有兴趣饲养本品种，可以寻找愿意让人自行挑选的鱼店，花些时间，可以挑选体色颇为漂亮的朱文锦。夜市金鱼摊上的鱼只绝大部分都是朱文锦，可以说是便宜又好养的金鱼品系代表。

品种名称	朱文锦
饲养难度	★
泳速与竞争力	★ ★ ★ ★ ★
头形	尖（平）头
体形	和金型
尾形	鲫尾、燕尾
适合欣赏角度	侧视

全红软鳞朱文锦。

朱文锦小鱼大部分尾形都是接近单片鲫尾，但偶尔也可以找到较长接近单片燕尾表现的个体。购买时，只要挑选各鳍完整无破损以及自己喜欢的颜色即可。

葡萄眼全白软鳞朱文锦。

五花、樱花、虎斑、白软鳞等各色朱文锦，长5~7厘米。

2. 玉如意

此品种是由美国改良出来的，又称为"彗星"，有着近似朱文锦的体形，但尾鳍拉长成更长的燕尾，胸鳍与腹鳍也较长。

玉如意是除了朱文锦之外价格最为便宜的金鱼，也是属于容易饲养的鱼种。

除了体色之外，此品种的重点是侧视时飘逸的单片燕尾，因此挑选尾鳍较长无破损的为首要重点，其次是留意胸鳍与腹鳍的完整性。

虎斑玉如意，此鱼长12~13厘米。

有部分虎斑的五花玉如意，为尾鳍特长的优异个体，此鱼长14~15厘米。

修长的燕尾非常有飘逸感。

品种名称	玉如意
饲养难度	★
泳速与竞争力	★★★★★
头形	尖（平）头
体形	和金型
尾形	燕尾
适合欣赏角度	侧视

3. 布里斯托

"布里斯托"为简称，完整名称为"布里斯托朱文锦"或"布里斯托朱文金"。顾名思义，此品种是由英国人将朱文锦加以改良而来，其身价也三级跳成为较高单价的金鱼。

饲养时要稍微注意水质，若水质不良（过酸），或有细菌性感染，或被其他鱼只攻击追咬而造成尾鳍破损，欣赏价值就会大幅降低。

此品种的欣赏重点是侧视时飘逸的单片心形尾（爱心尾），因此挑选时以尾鳍较完整无破损、折尾的为佳，同时尾鳍要能完整向上下展开，避免挑选尾鳍下垂的个体。

五花布里斯托，此鱼长9~10厘米，更大尺寸的尾鳍可以表现得更漂亮。

浅色的云石布里斯托，此鱼长10~11厘米。

浅色的云石布里斯托。

品种名称	布里斯托
饲养难度	★★
泳速与竞争力	★★★★
头形	尖（平）头
体形	和金型
尾形	心形尾
适合欣赏角度	侧视

4. 寿惠广锦

寿惠广锦是由日本人将布里斯托加以改良而来，"寿惠广"这三个字在日文里是扇子的意思，主要是强调此品种有着很大的单片扇形尾，体形较布里斯托高，呈类似杏仁状身形。

饲养时要更为注意水质，若水质不良（过酸），或有细菌性感染，或被其他鱼只攻击追咬而造成大面积的尾鳍破损，欣赏价值就会大幅降低。

一尾配色漂亮、尾鳍完整的寿惠广锦，身价可能比布里斯托还要高。此品种独特的扇形尾是最为重要的，因此挑选时应以尾鳍较完整、无破损、无折尾的为佳，同时尾鳍要能完整向上下展开，避免挑选尾鳍下垂的个体。

樱花寿惠广锦，是日本金鱼里少数以侧视为主的鱼种。

身形较高的五花寿惠广锦，此鱼长20~21厘米。

樱花寿惠广锦，扇形尾侧视时十分华丽，此鱼长21~22厘米。

品种名称	寿惠广锦
饲养难度	★★★
泳速与竞争力	★★★★
头形	尖（平）头
体形	和金型
尾形	扇形尾
适合欣赏角度	侧视

5. 和金

　　和金小时身形较为细长，长大后身体会加高且更加宽厚，各鳍都较短，俯视时像只小锦鲤，如果想要养锦鲤但是空间不够的玩家，可以考虑饲养强壮好养的和金。

　　和金颜色比较普通，都是硬鳞的橘红单色或是红白相间色，较后期才发展出部分软鳞的花色，但仍为少数。

红白分明的红通背和金，此鱼长11~12厘米。

　　由于本品种同时适合俯视与侧视，建议挑选最主要欣赏角度的花色。俯视欣赏为主时，要留意挑选有尾张的（尾部有花色更佳）且体形较为宽厚的个体，才能欣赏到和金的美丽。遇到花色特殊（五花、樱花、虎斑、麒麟等）且配色漂亮的，可优先挑选。

左边的和金刚进口，颜色较为鲜红；右边的和金饲养时间较久，因缺乏光照与喂食增色成分饲料，颜色由原本的鲜红色褪化成橘红色。

左边为黑尾白软鳞和金，右边为樱花和金。

左边为格状花纹的灰麒麟和金，右边为虎斑和金，长13~14厘米。

品种名称	和金
饲养难度	★
泳速与竞争力	★★★★★
头形	尖（平）头
体形	和金型
尾形	四片尾、三片尾、樱尾
适合欣赏角度	俯视为主、侧视

6. 和皇

"和皇"是日本的称谓，由于是属于比较新的品种，故较少鱼友知道，台湾地区则使用比较常用更容易理解的"长尾和金"称之。

由"长尾和金"这个名称可知，和皇就是和金的尾鳍加长版，欣赏的重点除了跟和金一样之外，还多了飘逸的尾鳍这一项。

市面上见到的和皇，多半为部分软鳞的花鱼。俯视欣赏为主时，要留意挑选有尾张的个体，尾鳍无破损、无折尾，并以能呈放射状线条的更佳。

体色鲜明的虎斑和皇，此鱼长22~23厘米。黑长尾搭配虎斑体色十分契合。

俯视时，可以看到和皇超级华丽的长尾。

品种名称	和皇
饲养难度	★★
泳速与竞争力	★★★★★
头形	尖（平）头
体形	和金型
尾形	四片尾、三片尾、樱尾
适合欣赏角度	俯视为主、侧视

7. 地金

　　地金为日系金鱼，由和金改良而来，体形较高，呈类似杏仁状身形，饲养难度是草种金鱼里面比较高的，特色为具有四片如孔雀开屏般的X状尾鳍，传统正规的日本地金，需要"六鳞"体色。

　　由于本品种主要以俯视为主（侧视为辅），挑选时一定要以此品种最大特征"孔雀尾"为优先考量，所以尾鳍完整度与挺立度很重要。此品种罕见软鳞花色（五花、樱花、虎斑、麒麟等），所以若能选择红白分明体色者更佳。

红白地金，此鱼长7~8厘米。

红白地金。

地金成长到较大尺寸时，体形较高，呈类似杏仁果的身形。此图的地金，是很少见的地金颜色——樱花色，长14~15厘米。

在正对镜头的视角时，尾鳍会呈X形的孔雀尾，这是地金的专属尾形。

这只红白地金，在背对镜头的视角时，尾鳍也是呈X形的孔雀尾。

品种名称	地金
饲养难度	★★★★
泳速与竞争力	★★★
头形	尖（平）头
体形	和金型
尾形	孔雀尾
适合欣赏角度	俯视为主、侧视

"六鳞"其实就像"十二红"花色（详见本书第35页说明），是用剥鳞或药水侵蚀等方法，将原本全红体色以人工挑鳞方式产生部分白色的六鳞花色。目前大陆或台湾地区生产的地金则是维持原本体色，没有进行后天人为干预。

8. 东海锦

　　东海锦为较新品种的日系金鱼，主要是由地金跟蝶尾混交培育而来，所以具有地金的头形与体形，但尾形接近较长的宽尾，与地金相比更容易饲养。

　　由于本品种俯视与侧视各有其美感，建议以饲养者主要欣赏的角度进行挑选，但飘逸的尾部表现仍是本品种的重点，应避免挑选到折尾、歪尾等瑕疵鱼。此品种跟地金一样罕见软鳞花色，所以若能选择红白分明体色者更佳。

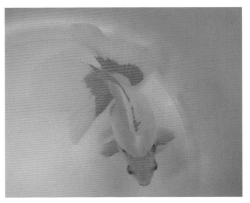

红白东海锦，此鱼长11~12厘米。

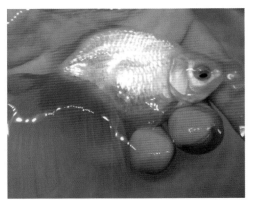

侧视体形有些接近琉金。

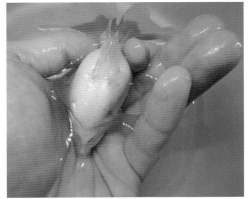

这只东海锦接近十二红（各鳍全红加上口红），配色上很难得。

品种名称	东海锦
饲养难度	★★★
泳速与竞争力	★★★★
头形	尖（平）头
体形	和金型
尾形	宽尾
适合欣赏角度	俯视为主、侧视

3-2 文种金鱼

文种金鱼的体形，有"琉金型"或"狮头型"，有背鳍且背部也更为隆起，泳速与竞争力皆属于中等。

1. 长尾琉金

"琉金"也有写成"鎏金"，有"留住金子"的招财意思。长尾琉金体质强健且容易饲养，价格也较为低廉。

挑选头部比例较小较尖、身体短圆者为佳。侧视时，若背能高拱起会更具有欣赏价值，尤其五花、樱花、麒麟、虎斑等软鳞配色的长尾琉金，因为高背的比例很少，如看到高背体形的可优先选择。

红白长尾琉金，此鱼长14~15厘米。

五花长尾琉金，此鱼长13~14厘米。

红长尾琉金，此鱼长12~13厘米。

品种名称	长尾琉金
饲养难度	★★
泳速与竞争力	★★★★
头形	尖（平）头
体形	琉金型
尾形	四片尾、三片尾、樱尾
适合欣赏角度	俯视、侧视

长尾琉金里比较少出现的黑琉金，此鱼长16~17厘米。

2. 短尾琉金

短尾琉金由于身体圆滚可爱，饲养时建议鱼缸水位勿太深，且需要控制喂食量，以免造成鱼只翻肚的情况。等级高的短尾琉金价格也比长尾琉金高出不少。挑选短尾琉金的口诀是：鹰嘴、驼峰、将军肚。

● **鹰嘴**

嘴巴小而尖（头最好也小一点），像老鹰的嘴。

● **驼峰**

背要高拱起，就像骆驼的驼峰要高耸而不是平平的。

● **将军肚**

肚子要浑圆厚实才气派好看。

较高背的五花短尾琉金，此鱼长11~12厘米。

各方面表现中等的虎斑短尾琉金。

对于更高品质的短尾琉金，近年来有一种更新的叫法为"蛋形琉金"，其定义为体高大于体长，看起来像颗直立的蛋，有着高耸的背幅，但此种体形更要留意翻肚的问题，购买时最好花较长时间侧视观察其泳姿是否正常。

有部分云石配色的三色短尾琉金。此鱼虽然配色特殊，但背不高，头部比例显得过大。

配色分布很均匀对称，符合"鹰嘴、驼峰、将军肚"三要素的红白短尾琉金，此鱼长约13厘米。

跟左图为同一只红白短尾琉金，俯视时可见其非常浑圆厚实。

有点类似锦鲤鲜红配色的红白短尾琉金。此鱼等级高，长14~15厘米。

品种名称	短尾琉金
饲养难度	★★
泳速与竞争力	★★★
头形	尖（平）头
体形	琉金型
尾形	四片尾、三片尾、樱尾
适合欣赏角度	侧视

品种名称	蛋形琉金
饲养难度	★★★
泳速与竞争力	★★
头形	尖（平）头
体形	琉金型
尾形	四片尾、三片尾、樱尾
适合欣赏角度	侧视

3. 宽尾、蝶尾琉金

宽尾琉金的尾形几乎跟蝶尾一样，但宽尾并不像蝶尾那样水平展开，尾形比较下垂，约呈45°角，俯视、侧视皆可欣赏其不同角度的美，蝶尾琉金则主要是以俯视为主。

购买时，应挑选背部高耸、身体短圆者，并留意尾部不能有折尾、歪尾之类的瑕疵，尾鳍的表现是本品种鱼只的重点。宽尾、蝶尾琉金的价格通常比长尾琉金高出不少，所以需留意被商家以尾张比较好的长尾琉金冒充高价宽尾、蝶尾琉金的情况（主要差异在尾形）。

背鳍挺直，感觉十分有精神的红白宽尾琉金，此鱼长16~17厘米。

红白宽尾琉金。

有部分虎斑的麒麟宽尾琉金，此鱼长16~17厘米。

有部分虎斑的麒麟宽尾琉金。

有些尾张表现好的个体，可以称为蝶尾琉金，可以理解成是没有凸眼的蝶尾龙睛，通常比较难有高背表现，但尾鳍比宽尾琉金长。

灰麒麟蝶尾琉金，此鱼长11~12厘米。

红白蝶尾琉金，此鱼长11~12厘米。

硬鳞三色蝶尾琉金，黑色部分应该是转色，之后黑色消失，会变成红白蝶尾琉金，此鱼长13~14厘米。

五花蝶尾琉金，由于有部分软鳞，尾鳍有放射状黑线条，比较能够长久保持此体色，此鱼长13~14厘米。

品种名称	宽尾琉金
饲养难度	★★
泳速与竞争力	★★★
头形	尖（平）头
体形	琉金型
尾形	四片尾、三片尾、樱尾
适合欣赏角度	俯视、侧视

品种名称	蝶尾琉金
饲养难度	★★
泳速与竞争力	★★
头形	尖（平）头
体形	琉金型
尾形	四片尾、三片尾、樱尾
适合欣赏角度	俯视

4. 玉鲭

在早期繁殖场筛选的标准里，单片尾的金鱼，会被鱼场师傅认为是不良品，需被淘汰，但近年来在日本有固定培育单片尾鳍的琉金，称为"玉鲭"，也称为"玉锦"，有着玉球般的身体与类似鲭鱼的尾鳍。若改良后身体更加圆润，以及有单片短尾的，则被称为"福达摩"。

玉鲭由于有返祖现象的单片尾，以及琉金的身体，可谓身强体壮泳速快，属于强健好养的金鱼品种。

有时也可以在一批大陆系金鱼里找到单片尾鳍的琉金，就类似玉鲭这个品种。

品种名称	玉鲭
饲养难度	★
泳速与竞争力	★ ★ ★ ★
头形	尖（平）头
体形	琉金型
尾形	燕尾
适合欣赏角度	侧视

此图由金鱼快讯提供，为日系的樱花玉鲭，此鱼长13~14厘米。

此图由金鱼快讯提供，樱花玉鲭是日系金鱼里少数以侧视为主的鱼种。

5. 土佐金

土佐金在日本称为"土佐锦"，被誉为"金鱼之后"，最大的特色就是有着波浪状的翻转尾鳍，再搭配其优雅曼妙的泳姿，像极了一位穿着华丽长舞裙的女王。这是在日本由大阪兰寿与琉金交配培育出来的品种。

配色以硬鳞全红、红白为主，罕见软鳞类体色，有些个体转色较慢（可能要2岁过后才转变），所以常看到尚未转色的古铜色（鲫鱼色）。虽然体形为琉金型，但体质敏感，对水质要求较高，饲养时也要避免水流过强。

挑选此品种时，身体以近似水滴形（头尖、腹部稍大）为宜，最重要的当然是尾鳍的表现，小鱼两边尾肩需往前翻转，大鱼（1岁以上）除了要求两边尾肩往前翻转之外，整个尾鳍外缘必须呈波浪状荷叶的为上品，身形过短与尾柄过高，容易造成翻肚或泳姿不良。

品种名称	土佐金
饲养难度	★★★★
泳速与竞争力	★★
头形	尖（平）头
体形	琉金型
尾形	翻转尾
适合欣赏角度	俯视

长13~14厘米、尾鳍翻转尾完成度较高的红白土佐金。

长8厘米左右，尚未转色的小土佐金（有些土佐金要2岁以上才会转色）。

在正对镜头的视角时，翻转尾明显的红白土佐金。

长15~16厘米、接近全红的红白土佐金。

6. 大陆狮头

大陆狮头属于大陆南方狮头，有所谓"重头不重尾"的说法，意思就是头瘤发达，但尾部表现比较弱（无翘尾或尾张）。头形则有高（鹅）头与狮（虎）头，身形中长。

挑选时，除了挑选头瘤发达完整之外，因体色多为橘红色硬鳞（花鱼比例较低），所以若看到红白的漂亮配色或软鳞花鱼，可优先挑选。

品种名称	大陆狮头
饲养难度	★★★
泳速与竞争力	★★★
头形	高（鹅）头、狮（虎）头
体形	狮头型
尾形	四片尾、三片尾、樱尾
适合欣赏角度	俯视、侧视

奶油头白大陆狮头，此鱼长14~15厘米。

奶油头白大陆狮头，可以看到头上的顶瘤较为发达（高头）。

玉印大陆狮头，此鱼长12~13厘米。

红白大陆狮头，长只有6~7厘米，能有这样的头瘤表现颇佳。

7. 菊花狮头

菊花狮头属于大陆北方狮头，特点就是有着像菊花花瓣的层次头瘤，也称为"果冻头瘤"。头瘤发达，但尾部表现比较弱，头形则是高（鹅）头，稍有鳃瘤与吻瘤，为长身形。

发达的菊花头瘤是此品种的最大特征，建议先挑选头瘤表现好的个体，又因体色多为橘红色，若看到漂亮的红白配色可优先挑选。偶尔会有整批进口的该品种软鳞花鱼，遇到特殊配色时，也建议优先挑选。

此品种较容易水土不服，饲养难度稍高。

长7厘米左右的小橘（金）菊花狮头，有着很发达的顶瘤、吻瘤，两侧瘤也发育得不错。

长12~13厘米、头瘤表现更发达的包金与橘（金）菊花狮头。

五花菊花狮头，长14~15厘米。

正脸头瘤非常发达有趣的橘（金）菊花狮头。

小尺寸橘（金）菊花狮头，此鱼长7~8厘米。

橘头黑身的包金菊花狮头与白头橘身的玉面菊花狮头。

品种名称	菊花狮头
饲养难度	★★★★
泳速与竞争力	★★★
头形	高（鹅）头
体形	狮头型
尾形	四片尾、三片尾、樱尾
适合欣赏角度	俯视、侧视

8. 元宝狮头

　　元宝狮头指的是体形较为短圆胖（身体与头部比例甚至达到五五分）、背部亦稍微隆起的狮头。市面上的"大种狮头""皮球狮头""短身狮头"，以及泰国产的"北京狮头"，指的都是短身圆胖狮头，因此统一以"元宝狮头"称之。

狮（虎）头形的红（橘）元宝狮头，此鱼长13~14厘米。

高（鹅）头形的白元宝狮头，此鱼长13~14厘米。

红（橘）元宝狮头的头形为狮（虎）头形，白元宝狮头的头形为高头形。

高（鹅）头形的红（橘）元宝狮头，此鱼长9~10厘米。

狮（虎）头形的黑元宝狮头，此鱼长12~13厘米。

此品种甚少有特殊花色，若有硬鳞红白鲜明或是软鳞花鱼，可优先挑选。由于身材短胖，在购买时，建议观察鱼只泳姿，避免挑到容易翻肚栽头的鱼只。

红色碎花花纹的红白元宝狮头，因为是较大尺寸（长20厘米左右），整体看起来比较有气势。

更大尺寸的奶油头白元宝狮头，此鱼长15~16厘米。

头瘤前面有两颗红绣球的红白绣球元宝狮头，此鱼长13~14厘米。

　　右图由金鱼快讯提供，为台湾屏东鱼场生产的单片尾红白元宝狮头。早期繁殖场会将单片尾的狮头视为瑕疵鱼提早放弃，近年来随着观念的转换，繁殖场保留并生产单片尾鳍狮头，改以爱心尾狮头的名义出售，也吸引一些喜欢特殊鱼只的鱼友购买收藏。

品种名称	元宝狮头
饲养难度	★★★
泳速与竞争力	★★★
头形	狮（虎）头、高（鹅）头
体形	狮头型
尾形	四片尾、三片尾、樱尾
适合欣赏角度	俯视、侧视

长6~7厘米的小尺寸红白元宝狮头，养一群短胖、配色鲜明的小元宝狮头来俯视欣赏，也十分养眼、有趣。

9. 红帽

红帽其实就是白身体、头部红色的狮头，又称为"丹顶""鹤顶红"，也寓意"鸿运当头"。虽然这是常见的金鱼品种，但若严格定义，必须是身体纯白无杂色，只能红在头瘤正中央，那么市售的很多红帽金鱼，可能都不符合标准，只能称为"红白狮头"。

本品种掉鳞概率比其他品种高，因此应选择鳞片完整无刮伤、无缺鳞且体色纯白、头瘤饱满鲜红者为佳。常见体形有元宝短身（丸手）与长身（长手）两种，以元宝短身不裁头者欣赏视觉较佳。

这只鱼身体纯白无杂色，头瘤饱满且红色端正，长11~12厘米，为等级颇高的元宝红帽。

一般较常看到比此图中更长身的红帽，此鱼长9~10厘米。

左边长身与右边短身的元宝红帽在同一张图里比较，元宝红帽通常较讨人喜欢。

品种名称	红帽
饲养难度	★★★
泳速与竞争力	★★★
头形	高（鹅）头
体形	狮头型
尾形	四片尾、三片尾、樱尾
适合欣赏角度	俯视、侧视

此图为较大尺寸的红帽（长约17厘米），但腹部与胸鳍有点橘斑，头瘤红色延伸到嘴部，严格地说是不标准的红帽。

10. 凤尾高头

凤尾高头其实就是高头型狮头，但是尾鳍较长，身体则偏长身，虽说叫做高头，其实头瘤不太发达（通常头上肉瘤仅稍微隆起）。凤尾高头是大陆的老品种，近年来在市场上已较为少见。

由于主要欣赏角度为俯视观看其飘逸的长尾，因此尾鳍的完整度与不折尾是挑选本品种鱼只的第一考量因素。

若是纯白身体搭配头上丹顶，则被称为"凤鹤"（"凤尾鹤顶红"的简称）。

红白凤尾高头，尾鳍不翘但较有尾张，此鱼长12~13厘米。

比较少见的紫凤尾高头，长13~14厘米。可以很明显地看到尾鳍比头部与身体加起来还要长。

侧视可以很明显地看到其头瘤其实不是很发达。此图为有点顶瘤的纯白凤尾高头，长9~10厘米。

品种名称	凤尾高头
饲养难度	★★★★
泳速与竞争力	★★
头形	高（鹅）头
体形	狮头型
尾形	四片尾、三片尾、樱尾
适合欣赏角度	俯视

11. 短尾狮头

短尾狮头常被简称为"短尾狮"，头大、元宝短身、尾短，乍看之下有点像有背鳍的兰寿。比较常看见各色软鳞花色的短尾狮。

短尾狮由于尾柄（尾桶）处往往较细，加上短身，因此栽头翻肚的概率高，挑选时宜挑选尾柄较粗壮往下者，并观察其泳姿是否平稳，以降低日后鱼只翻肚的概率。另一挑选的重点是丰满的头瘤表现，一尾头瘤不发达的短尾狮观赏价值大为降低。若需俯视欣赏，则要注意挑选身体较为宽厚者。

上面紫金、下面灰银鳞配色的紫蓝花短尾狮。

紫蓝花短尾狮，此鱼长12~13厘米。

配色较为淡雅的奶油头五花短尾狮，此鱼长12~13厘米。

橘红色樱花短尾狮，搭配葡萄眼、口红与晕开效果的花色，此鱼长13~14厘米。

小尺寸（长8~9厘米），但俯视是方头有厚度的虎斑、五花、樱花短尾狮。

俯视很宽、厚实的大尺寸（长约17厘米）包金短尾狮。

品种名称	短尾狮头
饲养难度	★★★
泳速与竞争力	★★
头形	狮（虎）头
体形	狮头型
尾形	四片尾、三片尾、樱尾
适合欣赏角度	俯视、侧视

12. 巨人泰国狮头

　　巨人泰国狮头常被简称为"巨人泰狮"或"巨人狮"，头瘤通常不太发达，身形比较长，尾鳍不长但很挺翘，较适合侧视欣赏。从名称里有"巨人"这两个字可以知道，此品种若给予足够的水体活动空间与营养，可以生长到较大尺寸（含尾长超过30厘米）。

具火焰尾的巨人泰狮，长16~17厘米，俯视时有不错的视觉效果。

此品种身强体壮，泳速也较快，属于比较好饲养的狮头品种之一，挑选时以尾鳍挺翘度为重点考量因素。

樱花巨人泰狮，此鱼长13~14厘米。

红白巨人泰狮，此鱼长约18厘米。

品种名称	巨人泰国狮头
饲养难度	★★
泳速与竞争力	★★★★
头形	狮（虎）头
体形	狮头型
尾形	宽尾
适合欣赏角度	俯视、侧视

紫巨人泰狮，此鱼长8~9厘米。

13. 泰国狮头

　　泰国狮头常被简称为"泰狮"，也称为"宽尾泰狮"。传统的泰狮"重尾不重头"，即比较重视挺拔宽大的尾形，但现在有些泰狮也被改良为头瘤饱满发达，较元宝短身，有各式各样花色的外形。

　　由于泰狮为近年来的热门鱼种，除了原生产地泰国（称为"泰产泰狮"）之外，许多地方也开始养殖，大陆、台湾均产，但不同产地的泰狮也有不同的特征。

　　挑选时以尾鳍的宽大挺翘度与不折尾为重点，有些尾鳍表现极佳的泰狮，甚至可媲美半月斗鱼的夸张尾鳍。由于泰狮尾鳍挺翘，若背鳍不挺翘，对比之下会更加明显，因此留意背鳍第一根骨头是否挺立或有无因运输、捕捞断就很重要。一只尾鳍背鳍都挺立的泰狮，看起来会非常有精神且霸气。

紫泰狮，此鱼长12~13厘米。

紫泰狮，可以看到胸鳍与鳃盖有白色的追星，这是公鱼的特征。

长12~13厘米的麒麟泰狮，元宝短身，尾鳍有放射状黑线条，俯视时观看效果更明显。

长12~13厘米的黑白泰狮。

比较淡雅的丹顶蓝背花泰狮，此鱼长12~13厘米。

有很大片尾鳍的黑泰狮，此鱼长16~17厘米。

　　等级高的泰狮，尾鳍呈百褶尾，犹如女生穿的百褶长裙边的皱褶，游动时十分漂亮。百褶尾不是所有泰狮都具备，部分泰国鱼场养殖的泰狮较常有百褶尾，但鱼只也要长14厘米以上，才会有美丽的表现。

长20~21厘米的百褶尾橘（金）泰狮。

长18~19厘米的百褶尾紫黑泰狮。这只等级颇高。

橘（金）泰狮，尾鳍像女生穿的百褶长裙。

百褶尾紫黑泰狮。

由于泰狮是近年来的主流鱼种，价位上通常也比陆狮来得高，因此在挑选泰狮时，要具备基本的分辨能力，以免被不良商家鱼目混珠，以陆狮充当泰狮贩售。

泰狮与陆狮基本的分辨方法为：泰狮为宽尾尾形，尾鳍两边接近切平（只有浅浅U形，微凹陷进去），并且尾鳍较为挺翘。下图两只较小尺寸的狮头，左边是泰狮，右边是陆狮（尾鳍两边为V形凹陷进去），可以参考红色虚线的示意。

品种名称	泰国狮头
饲养难度	★★★
泳速与竞争力	★★★
头形	狮（虎）头
体形	狮头型
尾形	宽尾
适合欣赏角度	侧视、俯视

近年来有繁殖业者推出俯视型泰狮（侧视时尾鳍不翘），称为"反转尾泰狮""土佐泰狮"，但还做不到大量生产。

长10~11厘米，小尺寸尾张却很漂亮的红白翻转尾泰狮。

长12~13厘米，小尺寸但尾鳍很长的红白翻转尾泰狮。

14. 长手狮

早先大陆狮头通过荷兰等处商船转运到日本，日本习惯将舶来品冠以"荷兰"名称，所以传到日本的狮头被命名为"荷兰狮子头"，后来又经过日本本土多代的进化改良，产生了长身形的荷兰狮子头，日本称长身形为"长手"，也就是本小节介绍的长手狮。日本九州生产的巨型长手狮甚至可以生长到长30厘米以上。

长18~19厘米的全红（橘）长手狮，俯视时具有尾张。

小　贴　士

短身形在日本称为"丸手"。

挑选的重点以尾鳍有张力、不折尾，以及有吻瘤（目先）为主。

长手狮相对下一个小节要介绍的东锦来说，体形更为修长，也会长更大，但吻瘤（目先）不如东锦发达。

长13~14厘米的较小尺寸，各鳍红色的红白长手狮与玉印长手狮。

品种名称	长手狮
饲养难度	★★
泳速与竞争力	★★★
头形	龙头
体形	狮头型
尾形	四片尾、三片尾、樱尾
适合欣赏角度	俯视

15. 东锦

在日本关东地区较常看到体形较长的东锦（关东东锦），关西地区则较常看到体形浑圆、较短的东锦（关西东锦，接近大陆花狮头）。还有一种铃木东锦，则是关东东锦与鹅头珠鳞（滨锦）交配演化产生，头瘤会更发达。

东锦主要是具有软鳞的日系花狮头，挑选的重点以尾鳍有张力、不折尾，以及有头瘤吻瘤为主。

长12~13厘米的铃木东锦。

铃木东锦理想的配色是红头加上蓝背与黑碎花点（称为青葱背）。

黑色的版本则称为"铃木黑龙"。

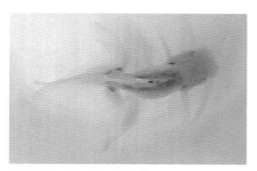

比较少见的配色，蓝背铃木东锦。

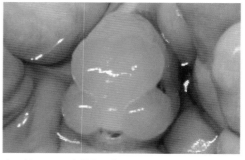

这只长12~13厘米的蓝背铃木东锦拥有很发达的高头与吻瘤，看起来很像知名卡通人物面包超人的正脸。

樱花配色的东锦，简称"樱东锦"。

长9~10厘米的樱东锦侧视。

长13~14厘米的樱东锦。

东锦里也会有正常硬鳞的橘（金）。

品种名称	东锦
饲养难度	★★★
泳速与竞争力	★★★
头形	高（鹅）头加龙头
体形	狮头型
尾形	四片尾、三片尾、樱尾
适合欣赏角度	俯视

16. 珠鳞

珠鳞又称为"珍珠鳞",是常见的金鱼品种,除了浑圆的体形之外,最大的特征就是鳞片钙化凸起。有点可惜的是,因为价位不高,店家与购买者往往使用较差的水质环境与设备饲养。珠鳞由于鳞片特殊,其实对于水质更为敏感,水质不好,体表容易发炎,故建议珠鳞类与没有背鳍的蛋种金鱼混养为宜。

挑选时,选择俯视与侧视观看较为浑圆者为上品(橄榄球细长体形为次品),且没有掉鳞与发炎状况,泳姿正常不翻肚。

全橘(金)色的珠鳞数量最多,若有红白或五花等配色,建议优先挑选。若挑选红白配色的珠鳞,又以红白分色鲜明与对称为优先。

身体约等于棒球与垒球尺寸的珠鳞,是台湾屏东鱼场的种鱼。

此图中右下角珠鳞约为1元硬币大小,左下角珠鳞约为乒乓球大小,右上角珠鳞约为棒球大小,左上角珠鳞约为垒球大小。

本图为较大珠鳞(长13~14厘米),大尺寸珠鳞头部常会稍有顶瘤凸起。

东锦里也会有正常硬鳞的橘(金)。

有些爱好者喜欢找纯白葡萄眼的珠鳞。

品种名称	台产珠鳞
饲养难度	★★★
泳速与竞争力	★★
头形	尖（平）头
体形	琉金型
尾形	四片尾、三片尾、樱尾
适合欣赏角度	俯视、侧视

等级中等的五花珠鳞，此鱼长约7厘米。

大陆产珠鳞比较容易有五花、麒麟等花色，多半生产于北方省份，通常需运输到南方集结后再一起出口，因此容易产生环境适应问题，导致刚进口时折损率高。

等级较高、体形圆度明显优于上一张的五花珠鳞，头部比例也较小，此鱼长8~9厘米。

品种名称	陆产珠鳞
饲养难度	★★★★
泳速与竞争力	★★
头形	尖（平）头
体形	琉金型
尾形	四片尾、三片尾、樱尾
适合欣赏角度	俯视、侧视

另外，还有新加坡珠鳞、马来西亚珠鳞等进口珠鳞，颜色鲜艳且身体圆度普遍很好。虽然珠鳞较常见且便宜，但出乎意料地难饲养，建议不要跟别的金鱼品种混养，并且要使用加温棒保持水体恒温，同时过滤系统要非常完善，以让水质维持良好。每几日使用滴流方式换水，才能提高存活率。

    在一批刚进口的新加坡珠鳞、马来西亚珠鳞里，可以有机会挑到超圆体形的鱼只，甚至俯视时已经接近圆角矩形般的夸张体形的鱼只。有些俯视时体形很圆，侧视时比较扁的，被戏称为"飞碟珠鳞"。

飞碟体形的新加坡红白珠鳞、马来西亚红白珠鳞，这些鱼长6~7厘米。

色彩鲜艳、身形浑圆的新加坡珠鳞、马来西亚珠鳞，这些鱼长5~6厘米。

品种名称	新加坡、马来西亚珠鳞
饲养难度	★★★★★
泳速与竞争力	★
头形	尖（平）头
体形	琉金型
尾形	四片尾、三片尾、樱尾
适合欣赏角度	俯视、侧视

17. 长尾珠鳞

　　长尾珠鳞顾名思义，是一般珠鳞的尾鳍加长版，其他特征跟珠鳞相同，出现花鱼的比例与数量较高。

　　长尾珠鳞多生产于大陆北方省份，跟大陆产短尾珠鳞一样，容易产生环境适应问题，刚进口时折损率高。在一批进口的大陆产珠鳞里，有时能同时挑选到短尾与长尾两种不同尾鳍长度的珠鳞（又称为"鼠头珠鳞""鼠头珍珠"）。

麒麟长尾珠鳞，有黑色放射状线条的尾鳍，观看时视觉效果佳。

麒麟长尾珠鳞，此鱼长9~10厘米。

　　挑选条件与一般短尾珠鳞大致相同，但须留意尾鳍的表现，若需俯视欣赏，最好有尾张，选择无折尾的个体。由于长尾珠鳞需要重视尾鳍，因此体形条件不妨稍微放宽些，以体色及尾张为挑选重点。

蓝背长尾珠鳞，此鱼长11~12厘米。

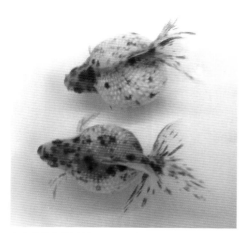

上方的是短尾珠鳞，下方是长尾珠鳞，尾鳍的长度比例是不同的。

颜色分明且鲜艳的红白长尾珠鳞。

五花长尾珠鳞。

黑碎花墨斑点加上蓝通背，虽然体形不浑圆，但俯视时也别有一番韵味。

品种名称	长尾珠鳞
饲养难度	★★★★
泳速与竞争力	★★
头形	尖（平）头
体形	琉金型
尾形	四片尾、三片尾、樱尾
适合欣赏角度	俯视、侧视

18. 鹅头珠鳞

简单来说，鹅头珠鳞就是有头瘤的高头长尾珠鳞。因为"鹅"与"额"这两字发音完全相同，坊间许多鱼场、水族馆往往错误标示成"额头珠鳞"，时间久了，目前称为"额头珠鳞"也能被玩家理解与接受了。

此品种最大的特征是有如花罗汉鱼一样夸张的顶瘤，也就是头形属于高（鹅）头，由此可知，鹅头珠鳞会是更为正确的称谓，可简称为"鹅珠"，别称还有"皇冠珍珠""皇冠珠鳞""高头珍珠"，都是在叙述其发达的顶瘤如同皇冠，在日本则称此品种为"滨锦"。

鹅头珠鳞一样具有鳞片钙化凸起，所以也需注意水质，属于不好饲养的品种，珠鳞类会发生的问题，此鱼都会有。若要混养，建议只与珠鳞类大小相近的金鱼一起饲养。

鳍黑边快褪完的鹅珠。

此鱼长10~11厘米。

挑选时，当然是以此品种最大特征鹅头顶瘤为第一要点，再就是不要掉鳞、缺鳞、折尾，并需注意有无因头瘤太大而导致的栽头翻肚的情况。

鹅头珠鳞头瘤若再细分，可以分成较为常见的"单冠"与较为少见的"双冠"两种。

单冠的红白鹅珠。

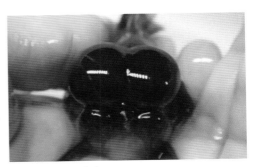

较少见的双冠黑鹅珠。

红鹅珠与红白鹅珠，长12~13厘米。

虎斑、五花小鹅珠，长7~8厘米。

品种名称	鹅头珠鳞
饲养难度	★★★★
泳速与竞争力	★★
头形	高（鹅）头
体形	琉金型
尾形	四片尾、三片尾、樱尾
适合欣赏角度	俯视、侧视

19. 绣球

绣球指的是以鼻孔外长出两粒毛绒球状鼻须为最大特征（称为"鼻褶"）的金鱼，也称之为"绒球"，在日本称为"花房"。此品种最多的配色是紫色体色配红色绒球，所以也称为"紫身绣

长15~16厘米较大尺寸的紫身绣球，绣球非常发达，部分红绣球里带点紫色。

球"或"紫身红绣球"。

　　绣球是比较好饲养的品种，但要注意尽可能不要跟太强势鱼种混养，以免绣球被咬掉或受伤（受损多半无法复原）。

　　挑选时，以两边绣球较大、紧实、大小一致，且颜色鲜明者为佳，有特殊颜色可优先挑选，尽量避免绣球颜色跟鱼只体色太过相近的配色，这样绣球部分才能更突出，更适合欣赏。

长6~7厘米的小只紫身绣球，绣球还没有完全发育变大，绣球特征还不明显。

左侧是较特殊配色的包金白绣球，也有见过紫绣球（颜色较不明显）、黄绣球（视觉效果较佳）。

长11~12厘米的紫身绣球，红绣球紧实、鲜艳且大小平均，品相等级颇佳。这也是此品种中最标准、常见的配色。

此图由金鱼快讯提供。大部分绣球金鱼只有两粒绣球，偶尔可以发现四粒绣球的绣球金鱼。

品种名称	绣球
饲养难度	★★★
泳速与竞争力	★★★
头形	尖（平）头
体形	琉金型
尾形	四片尾、三片尾、樱尾
适合欣赏角度	俯视、侧视

3-3 龙种金鱼

龙种金鱼的体形，主要以琉金型为主，眼睛往外凸出，像龙的眼睛，泳速与竞争力属于中等。

1. 长尾龙晴

长尾龙晴俗称"牡丹"，依颜色不同又称为"黑牡丹""红牡丹"等，是常见、平价的金鱼品种，泳速较快且饲养容易，在日本把长尾龙晴跟短尾龙晴都称为"出目金"。

挑选时需留意两眼是否都有凸出，并且不能有大小眼、高低眼等情况。凸眼类的金鱼更容易患白内障，所以应留意眼睛外是否有一层白色朦胧状物质或眼睛里有白色圆点（这种情况应避免选择），若两眼能比较大且明显则更佳。此品种红白与花鱼相对较少，若看到配色漂亮的红白鱼或花鱼，可优先挑选。

黑长尾龙晴（黑牡丹）。

长13~14厘米的黑长尾龙晴，尾鳍已经拉长，很飘逸。

单片尾的龙睛（鲫尾或燕尾），在日本称作"柳出目金"，此为白软鳞葡萄眼单片尾（鲫尾）龙睛。

长6厘米左右的红长尾龙睛（红牡丹）。

长约10厘米的熊猫金鱼，其实就是黑白长尾龙睛，变成黑白色后身价可高出许多，多半是泰国生产的。

长6厘米左右，配色有趣，犹如小丑妆的红白长尾龙睛（红白牡丹）。

俯视乍看，会产生错觉，以为图中金鱼是黑水泡眼，其实是眼睛比例较大的黑长尾龙睛（长约8厘米），欣赏起来也别有一番趣味。

有绣球的紫黑长尾龙睛。

品种名称	长尾龙睛
饲养难度	★★
泳速与竞争力	★★★★
头形	尖（平）头
体形	琉金型
尾形	四片尾、三片尾、樱尾
适合欣赏角度	俯视、侧视

2. 短尾龙睛

短尾龙睛跟长尾龙睛比起来，算是比较少见的品种，在日本虽然将短尾与长尾龙睛皆称为"出目金"，不过在有些玩家的认知里，则认为短尾龙睛才是更为正统的出目金。

挑选要诀除了跟长尾龙睛相同之外，普遍认为高等级的短尾龙睛还要具有高背，简单来说就是等级高的短尾高背琉金加上凸眼。

几乎是全软鳞的蓝背短尾龙睛，配色特殊，但背幅表现较为一般（不够高背）。

俯视欣赏配色不错的红头麒麟短尾龙睛。

这只红头麒麟短尾龙睛长11~12厘米，眼睛若能更凸出且更大些会更好。

品种名称	短尾龙睛
饲养难度	★★
泳速与竞争力	★★★
头形	尖（平）头
体形	琉金型
尾形	四片尾、三片尾、樱尾
适合欣赏角度	俯视、侧视

黑、红白、麒麟、五花、樱花等各色短尾龙睛，
8~10厘米。

樱花短尾龙睛，高背的体形会被玩家视为较高等级，几乎就等于短尾高背琉金加上凸眼，但这样的体形要小心容易翻肚的问题。

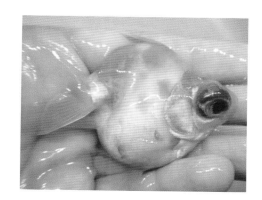

3. 宽尾龙睛

　　宽尾龙睛主要体色是纯黑色，故又称为"黑蝴蝶"。虽然称为黑蝴蝶，其实尾部表现是宽尾而非蝶尾，眼睛只有些微凸出。

　　宽尾龙睛虽然是常见的金鱼品种，但是不好饲养，很容易出现局部白斑或水霉之类的情况而导致死亡。曾经有鱼场饲养者表示，同一池混养宽尾龙睛与元宝狮头，宽尾龙睛常常出状况甚至死亡。

　　挑选时需留意两眼是否都有凸出，并且不能有大小眼的情况，优先选择体色黝黑、尾鳍较为伸展的个体。

长5~6厘米的小尺寸黑宽尾龙睛。

一群长5~6厘米的小尺寸黑宽尾龙睛。

长17~18厘米的大尺寸黑宽尾龙睛，此为鱼场种鱼，尾鳍表现很华丽，接近蝶尾表现。

品种名称	宽尾龙睛
饲养难度	★★★★
泳速与竞争力	★★★
头形	尖（平）头
体形	琉金型
尾形	四片尾、三片尾、樱尾
适合欣赏角度	俯视、侧视

福州产的三色蝶尾龙睛，短胖身且高背。

4. 蝶尾龙睛

蝶尾龙睛简称为"蝶尾"，比较著名的有福州（或广州）蝶尾（体形较短胖且高背，尾鳍较短，可侧视欣赏）与如皋蝶尾（背不高，尾鳍较长并表现更佳，俯视为主）。

蝶尾龙睛的优良率其实不高，除了一般龙睛挑选的条件都要有（避免大小眼、高低眼、白内障等）之外，尾鳍也不能是高低尾、折尾、破尾。由于蝶尾

在一群长7~8厘米的小红白蝶尾龙睛里挑选到的十一红
与十二红蝶尾龙睛。

如皋产的紫蝶尾龙睛，尾鳍为接近土佐金的翻转尾，
此鱼长13~14厘米。

龙睛的体色相当丰富，挑选身体与尾鳍有
花纹、配色鲜明者更佳。有些蝶尾的饲养
容器为瓷器，选择有墨斑体色的花鱼与尾
鳍有线条花纹者，俯视欣赏时会有古朴雅
致的韵味。

从俯视与正脸视角看，像十二红蝶尾龙睛。

俯视时的三色蝶尾龙睛，此鱼长15~16厘米。

与上图是同一只金鱼，因为侧面与腹部有红色斑纹，
只能称作红白蝶尾龙睛。

长12~13厘米的樱花蝶尾龙睛。

长6~7厘米的福州产小熊猫蝶尾龙睛。

如皋产的五花蝶尾龙睛，配色与尾鳍都颇佳，此鱼长12~13厘米。

如皋产的虎斑蝶尾龙睛，颜色对比鲜艳，此鱼长12~13厘米。

品种名称	蝶尾龙睛
饲养难度	★★★
泳速与竞争力	★★
头形	尖（平）头
体形	琉金型
尾形	四片尾、三片尾、樱尾
适合欣赏角度	俯视为主、侧视

5. 顶红龙睛

在龙种金鱼里，顶红龙睛算是比较特别的品种，其他的龙种金鱼头形都是尖（平）头没头瘤，只有顶红龙睛是凸眼又有头瘤。

以身体纯白无杂色、红色的部分只有分布在头顶、顶瘤明显可见且红色鲜明，是本品种选择的标准，其他的条件则跟龙睛类相同。

这3只顶红龙睛的顶瘤大小、红色分布与眼睛大小皆略有差异，但都还在挑选标准内，长均为10~11厘米。

正脸照还蛮有趣的。

品种名称	顶红龙睛
饲养难度	★ ★ ★
泳速与竞争力	★ ★ ★ ★
头形	高（鹅）头
体形	琉金型
尾形	四片尾、三片尾、樱尾
适合欣赏角度	俯视、侧视

此品种背不高，挑选正常背鳍即可。

3-4 蛋种金鱼

蛋种金鱼的体形就是兰寿型，短圆近似卵形，没有背鳍，游泳能力较差，游起来摇摇晃晃的，也因此让人觉得可爱，竞争力比较弱，其中兰寿这个品种被誉为"金鱼之王"。

1. 日本兰寿

大陆蛋种金鱼传到日本后，日本当时称为"卵虫"，读音跟"兰铸"相同，因此汉字就写成"兰寿"，这就是日本兰寿的起源，简称为"日寿"或"日兰"。

日本兰寿又分成协会系（关东）、宇野系（京都）、大阪系三大系，在台湾地区以协会系为培育饲养主流，也是最经常参赛的金鱼品种，本小节配图与介绍也以协会系为主。

协会系红白日寿，头部为玉面，背上为红通背，搭配胸鳍与尾鳍看起来像火焰的配色，十分鲜明抢眼。

俯视时头形是方头且吻瘤（目先）凸出，尾鳍游动时仍然维持张力，长约12厘米大就能有此表现，是只等级颇佳的日寿。

───── 小贴士 ─────

1.宇野系重视的是红白鲜艳对比的体色与细腻整齐的鳞片，成长缓慢，成鱼体型娇小（长很难超过13厘米）。
2.大阪系的特色是头部宽幅较小，具有绣球（鼻褶），但因数量稀少且还在复育阶段，故市面上很少看到。

日本兰寿以俯视为主。挑选的标准在于头部饱满的头瘤与吻瘤（目先），厚实的身体，尾鳍具有张力（两侧尾肩必须强而有力，张力需够把尾鳍撑开，尾先则需柔软且有弹性），包含泳姿在内的整体均衡美（尾芯角度不能太翘，以免影响泳姿）。

　　日寿的颜色以红（金）、红白、白色为主，较少有其他色彩。近年来日本当地已经逐渐培育出黑、樱花、五花等颜色，但仍属少见。

长约14厘米的更大尺寸白身红尾日寿，吻瘤（目先）更为明显。

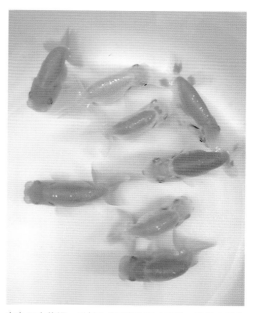

各色日寿俯视，以长7~8厘米的尺寸来说，这批小日寿表现出了一定水准（方头、尾张、宽厚身形）。

日寿主要以俯视为主，侧视时背幅平而不高。此为长6~7厘米的金日寿。

品种名称	日本兰寿
饲养难度	★★★★
泳速与竞争力	★★
头形	龙头
体形	兰寿型
尾形	四片尾、三片尾、樱尾
适合欣赏角度	俯视

2. 大陆兰寿

日本兰寿后来再传回到中国，被改良成大陆兰寿，身形更短，头瘤更发达，背幅弯曲幅度也较大，更适合侧视欣赏，简称为"陆寿"或"陆兰"。

类似此图红线所标示的有圆滑曲线的"梳子背"。

陆寿的体色相当丰富，几乎只要金鱼能出现的体色都能在陆寿上找到，对于喜欢"玩色"的玩家来说，陆寿是值得多玩赏的金鱼品种。

兰寿与其他相同厘米数且颜色近似的金鱼相比，通常价格最贵，这是因为兰寿的优良率很低。日寿最主要的讲究是尾张与头瘤，而陆寿与泰寿最主要的讲究是背幅与头瘤。关于陆寿，有个讲法是希望能有"梳子背"，就是有着如梳子柄那样的圆滑曲线的背幅，如果以这个标准去检视很多兰寿小鱼，会发现很多都没有到达这一标准，例如有着不顺畅的背幅曲线、某部分凹陷或有凸刺（背鳍返祖现象不完全）等情况。背幅最后尾柄与尾鳍交接处产生的夹角，以小于90°为佳。

兰寿的背幅非常重要，一条兰寿如果在小鱼时背幅不佳，长大后缺点只会更加突出。在挑选兰寿小鱼时，背幅与尾鳍交接处夹角也很重要，俯视时整个背的骨头不能歪掉，头瘤的部分则可以暂不要求，未来给予足够营养与优质水体，会有机会让头瘤持续生长。

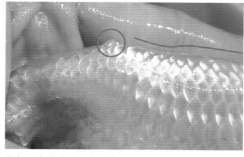

此条不合格陆寿，背上有些许凹陷与凸刺，这些缺点在挑选兰寿时要尽量避免。

虽然背幅没有凹陷与凸刺，但背幅弯曲的曲线不够顺畅圆滑的不合格小陆寿，长才4~5厘米的尺寸，现阶段没有头瘤很正常。

红头蓝背五花陆寿，此鱼长12~13厘米，中长身形（背幅一开始比较平是正常的）。选择这样的体形，鱼比较不容易栽头，尾柄与尾鳍交接处夹角也小于90°。在日本称五花寿为"江户锦"。

红头蓝背五花陆寿。

红白陆寿，此鱼长11~12厘米，有着属于元宝短身的可爱身形。由于头瘤饱满又短身，需留意观察是否有栽头等泳姿异常现象。值得一提的是，此鱼虽是陆寿，但背幅很高，有泰寿的样子。

红白陆寿。

正脸照可以看到整个头瘤很发达，有鱼友戏称这是"肉包脸"。

红白陆寿正脸照。

樱花亮鳞陆寿，此鱼长11~12厘米，以这样尺寸的兰寿来说，各方面条件皆有一定的水准。日本称樱花寿为"樱锦"。

樱花亮鳞陆寿。

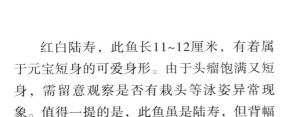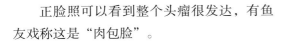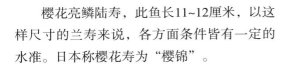

颜色很罕见的黑白陆寿，此鱼长13~14厘米，可惜的是尾柄与尾鳍交接处夹角大于90°，且尾鳍有点受损。有时候挑鱼很难面面俱到，有特殊色鱼只时，若真的想购买，其他挑选条件就得适度放宽。

兰寿几乎每条都是小胖子，加上又没有背鳍，所以游泳能力较差（代表竞争力较弱），建议不要跟泳速快的强势金鱼混养，最好同缸养的金鱼体形差异也不要过大，同时要注意水质，以免像有些鱼友调侃的，兰寿养到后面会越养越"难受"。

黑白陆寿。

黑陆寿，此鱼长10~11厘米。一般大陆黑寿很少能有这样黝黑的体色，大部分饲养一阵子后会褪色变成紫寿或包金寿，此鱼经笔者饲养好几个月仍然黝黑，算是很难得的。

比一般的大陆兰寿的尾鳍更短小，有一种新的叫法为"小尾寿"。

近全软鳞葡萄眼的丹顶陆寿，此鱼长12~13厘米。

品种名称	大陆兰寿
饲养难度	★★★
泳速与竞争力	★★
头形	狮（虎）头
体形	兰寿型
尾形	四片尾、三片尾、樱尾
适合欣赏角度	俯视、侧视为主

兰寿里还有一种有完整背鳍的，叫作"扯旗兰寿"，简称"扯旗寿"，其背鳍通常长得比较后面，身体较长，也没有高背，有人会把它跟短尾狮搞混，早年两者有较大价差时会被张冠李戴贩售，近年两者价格比较接近，也就较少出现冒充的问题。

长7~8厘米的较小尺寸红白扯旗寿，头瘤还没有发育。

虎斑鲨鱼鳍大陆兰寿，此鱼长5~6厘米。

很多蛋种无背鳍的金鱼里，有时候会出现长了一半或三分之一完整背鳍的个体（以前被视为瑕疵鱼，近年来有爱好者收藏），由于看似鲨鱼的背鳍，所以被称为"鲨鱼寿"。

3. 泰国兰寿

日本兰寿传到泰国后，被改良成泰国兰寿，简称为"泰寿"或"泰兰"。传统的泰寿身形较长，很接近日寿俯视时的样子，也具有吻瘤（目先），所以俯视时头形是方头，但尾鳍较不具备尾张，背幅比陆寿更高耸，这种传统的龙头泰寿的头形也被称为"水牛头"，意思是吻瘤像牛角般凸出，也称为"牛头寿"。

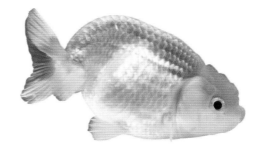

传统较长身的红白龙头泰寿，长9~10厘米，侧视时可见其头瘤并没有很发达，但背幅比陆寿还要高。

正脸照可以看到很明显的吻瘤，玩家有时戏称像日本知名漫画卡通人物面包超人。

因应某些市场需求，改良成较短身的红白龙头泰寿，尺寸长8~9厘米。侧视时，头瘤并没有很发达，但背幅很高。

正脸照一样能够看到有很明显的吻瘤。

上面介绍的两只龙头泰寿，放在一起俯视进行比较，可以很明显看到右边的是长身，左边的是短身，俯视时两只的头形都为方头（主要是两颗吻瘤造成的）。

另一种头形的泰寿，则是狮头泰寿，头瘤好像雄狮的狮鬃一样包覆整个头部（一样有吻瘤），连下巴都有瘤，俯视侧视都会感受到头瘤的饱满，如下图所示。

齐鳃红狮头泰寿，长14厘米左右，俯视时能有这样宽厚的体形，以及鲜红的配色，等级颇高。

正脸照一样能够看到有很明显的吻瘤，具有整圈的头瘤（连下巴都有瘤）。

侧视时可以看到体形与背幅都很优异。

长9厘米左右的狮头红白泰寿，虽然尺寸不大，但已经连下巴在内都有很厚的肉瘤包覆。

近全红体形、很宽厚短胖的龙头泰寿。

黑色泰寿跟其他颜色泰寿差异较大，这只长约6厘米，是等级较高的黑泰寿，正脸照可以看出头瘤已经发育得很好。

很漂亮的背幅曲线。

此只黑泰寿的等级很明显就不如左侧那一只，虽然差不多也是长6厘米，但头瘤、背幅、黝黑度都逊色不少。

这是更大尺寸的，长11~12厘米，等级更佳的黑泰寿，头瘤表现很优异。黑泰寿比较少见有较明显的吻瘤。

这是等级不高的小黑泰寿，可以看到其头形偏尖，头部的宽度较窄。

明显的吻瘤（目先）与高耸的背幅，是挑选泰寿的首要条件，狮头泰寿则还需要挑选丰满的头瘤。

黑泰寿的尾鳍较大，尾形、体形跟其他颜色的泰寿略有不同，这两只小黑泰寿等级较高，俯视欣赏时也很漂亮。

品种名称	泰国兰寿
饲养难度	★ ★ ★
泳速与竞争力	★ ★
头形	龙头、狮（虎）头
体形	兰寿型
尾形	四片尾、三片尾、樱尾
适合欣赏角度	俯视、侧视

日寿、陆寿、泰寿比较表

	日本兰寿	大陆兰寿	泰国兰寿
头形	龙头	狮（虎）头	龙头或狮（虎）头
体形	长身	短身与长身	短身与长身
背幅	平背	背幅高	背幅最高
尾鳍张力	尾张佳	尾张不佳	尾张不佳
体色	红、金、白、红白、包金为主	各色皆有	红、金、白、红白、包金、黑为主
适合欣赏视角	俯视	侧视为主	龙头较适合俯视，狮头俯视与侧视皆宜
吻瘤（目先）	明显	较不重视，大多不明显	明显

4. 丹凤

简单来说，丹凤就是长尾的兰寿，又称为"蛋凤"，在日本称为"津轻锦"。它具有像兰寿一样蛋形的身形，有头瘤但通常不太发达，搭配上长尾，属于比较少见的金鱼品种。

挑选时，以背幅曲线顺畅、尾鳍不折尾为主，尾鳍若能有尾张则更佳。

重墨的五花丹凤，此鱼长15~16厘米。

长尾在侧视时有不错的视觉效果。

虎斑丹凤，此鱼长9~10厘米。

红头蓝背丹凤，尾鳍有放射状黑线条，俯视时视觉效果佳，此鱼长9~10厘米。

若体色是雪青或紫蓝花的配色，在日本称为"银秋锦"。

挑选银秋锦应更重视俯视时尾鳍的尾张。

品种名称	丹凤
饲养难度	★★★
泳速与竞争力	★★★
头形	狮（虎）头
体形	兰寿型
尾形	四片尾、三片尾、樱尾
适合欣赏角度	俯视、侧视

5. 寿星

寿星主要的产地在福建福州，又称为"虎头"，看上去头瘤丰满，顶瘤高耸突出，类似中国神话里寿星公的额头，以此得名。虽然跟兰寿有些相似，一样都是没有背鳍的蛋种鱼，但是寿星的背部是平直的，头瘤也更为发达饱满，身体则比较瘦，尾部尾柄的夹角大于90°，甚至接近180°。

挑选时，以头瘤饱满、背部平直且没有凸刺或凹陷为佳。需注意有无头重尾轻而导致的泳姿不良等问题。

这尾红寿星尺寸不大，长只有7~8厘米，但寿星基本的条件都达到了。俯视时可见其头大身窄小。

品种名称	寿星
饲养难度	★★★
泳速与竞争力	★★
头形	狮（虎）头
体形	兰寿型
尾形	四片尾、三片尾、樱尾
适合欣赏角度	俯视为主，侧视

丹顶寿星。大陆称丹顶配色的寿星为"红顶虎"，多半为苏州生产。有时候会找到顶上红色区块类似红色爱心的有趣形状。

寿星的背部只要平直即可。侧视仍可以看到头瘤分布平均且饱满，此鱼长10~11厘米。

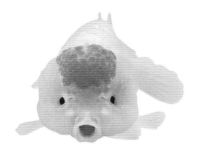

张嘴时，正面的表情也十分有趣。

另有一种虎头寿星，头瘤更大，身体更短胖，有些店家会挑选背幅有弯度的个体，称为"虎头兰寿""虎面兰寿"。刚进口时，饲养难度比一般寿星来得大，价格通常也比一般寿星高。

长10~11厘米的红虎头寿星。

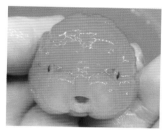

虎头寿星正脸照，头瘤饱满。

此图由金鱼快讯提供。红白虎头寿星，背幅接近兰寿，尾鳍夹角超过90°。

品种名称	虎头寿星
饲养难度	★★★★
泳速与竞争力	★★
头形	狮（虎）头
体形	兰寿型
尾形	四片尾、三片尾、樱尾
适合欣赏角度	俯视、侧视

另有一种颇为令人困惑的鱼种，就是由新加坡或马来西亚进口的红头寿星，虽然名称里有"寿星"两字，但时常可以在一批红头寿星里挑到许多背幅很接近兰寿的个体，甚至有些店家就改以"红头兰寿"的名义贩售。此品种几乎看不到中大尺寸（长大多是4~6厘米），虽然是常见的金鱼品种，但饲养难度很大，不建议初学者饲养。

符合兰寿体形条件的红头寿星。

一群背幅与外观很接近兰寿的红头寿星，长5厘米左右。

品种名称	红头寿星
饲养难度	★★★★★
泳速与竞争力	★★
头形	狮（虎）头
体形	兰寿型
尾形	四片尾、三片尾、樱尾
适合欣赏角度	俯视、侧视

6. 猫狮

　　猫狮主要产地在湖北武汉，所以也称为"武汉猫狮"。体态很接近寿星，背部是平直的，主要差异在猫狮头的两边鳃瘤特别发达，但头上顶瘤相对不发达，所以适合俯视欣赏。长16厘米以上的大尺寸猫狮在鳃瘤发育良好时，俯视欣赏颇让人惊喜。

　　挑选时，重点是鳃瘤，在视觉上要求足够明显，同时背上应避免凸刺与凹陷，并留意是否有头重尾轻而导致的栽头现象。

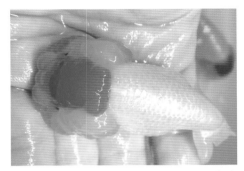

长10~11厘米的丹顶猫狮，以这个尺寸的鱼只来说，鳃瘤算很发达了。

此猫狮在侧视时，背上有些许不平整的凹凸，挑选时应尽量避免。

长11~12厘米的红猫狮。

长11~12厘米的蓝背猫狮，属于较少见到的配色。

品种名称	猫狮
饲养难度	★★★
泳速与竞争力	★★
头形	狮（虎）头
体形	兰寿型
尾形	四片尾、三片尾、樱尾
适合欣赏角度	俯视

这只猫狮的背较标准，但侧视时顶瘤不是很发达，还是比较适合俯视欣赏。

　　读者识别比较日寿、陆寿、泰寿与寿星、猫狮这5种外形相近，易混淆的蛋种金鱼，能够更容易，可参考以下侧视与俯视差异示意图。

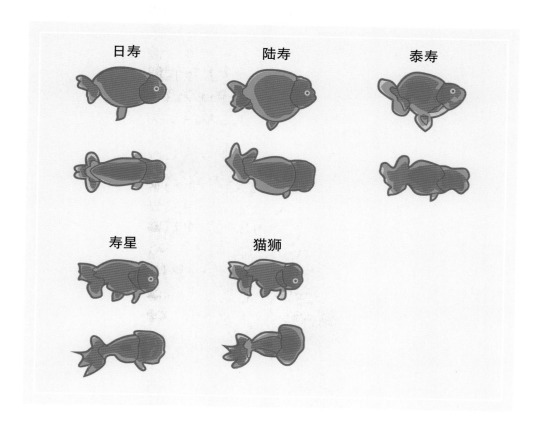

7. 鹅头红

鹅头红又称为"北京宫廷鹅头"，简称为"宫鹅"，顾名思义，是清代宫廷中饲养的金鱼品系，是中国古老的品种，目前在市面上属于比较罕见的金鱼品种。外形近似丹顶寿星，是没有背鳍的平直背，身体纯白，红在头上顶瘤，主要差异是头形属于高（鹅）头，身形也较细长。

宫鹅要长到2岁左右头瘤才会比较饱满，小鱼阶段会被不了解的鱼友误以为是头瘤不发达又偏瘦的次级寿星。

以头形四方，红色部分只端正地分布在顶瘤上，身体纯白干净，背部直顺平整，尾柄细且自然微垂并具有尾张，为宫鹅的选择重点。

侧视时，要注意背部是否直顺平整。本图宫鹅仍属于小鱼，头瘤还不是很发达，在现阶段是可以理解与挑选的。

宫鹅是属于比较细致、大器晚成的鱼种，慢慢饲养感受它细致细腻的一面吧！

这是长8~9厘米的宫鹅，虽然是小尺寸的幼鱼，已大致有符合本小节所描述的选择重点。

品种名称	鹅头红
饲养难度	★★★★
泳速与竞争力	★★
头形	高（鹅）头
体形	兰寿型
尾形	四片尾、三片尾、樱尾
适合欣赏角度	俯视为主、侧视

8. 水泡眼

水泡眼，也称为"水泡金鱼"，最大的特征是左右眼睛前面各有一个半透明的水泡，水泡的皮质薄膜里面是液体（淋巴液），眼睛朝上，没有背鳍且身形稍长，游泳时两泡晃动摇曳，十分有趣。由于构造特征的关系，属于比较脆弱的品种，建议单独饲养，或尽量避免与过于强势、泳速快的金鱼混养，水流与过滤器不宜过强。

挑选时，应选择水泡大而饱满，两边泡体大小接近，背上平直无凸刺凹陷，两眼也一样大小并同时朝上者。市售可以找到的体色颇多，若有漂亮特殊体色又符合上述条件的，建议优先挑选。

很多初次看到水泡眼的鱼友都会担心水泡会不会很容易破，或者是破掉会不会复原。其实水泡有一定的韧性，没有像表面上看起来那么脆弱，但如果水泡严重破裂，就没有办法复原，甚至会发生感染而死亡。如果只是部分泡液漏出，只会导致两边大小泡的情况，很难恢复成一样大小，所以如果挑选到的水泡眼双泡一样大，说明这只水泡眼的水泡没有受过伤。

水泡眼虽然属比较弱势的金鱼品种，但根据笔者的饲养经验，只要饲养环境适当且营养足够，水泡眼成长的速度比其他大部分金鱼要快。

水泡眼只要挑选背上平直的即可。

此金（橘）水泡眼长为15~16厘米，比较特殊的是水泡部分呈现双色（下深橘色，上浅橘色），泡壁比较薄时，泡上有血丝是正常的。

这只紫黑水泡眼长17~18厘米，刚进口时是黑色的，养一阵子后很容易变成浅黑色或紫色。

包金水泡眼与黑水泡眼。黑水泡眼刚进口时呈深黑色，养一段时间如果光照不够或鱼缸背景太浅，很容易导致黑色变浅或变成紫黑色。

蓝背五花水泡眼，此鱼长7~8厘米。

五花水泡眼，长11~12厘米。

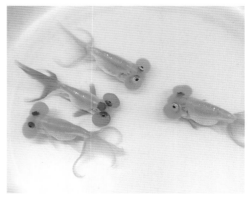

泡体的颜色有红色、橘色、黄色、黑色、白色等。此图里有白身黄泡（奶油泡），还有一只特殊配色，是丹顶且双泡、各鳍皆为红色，长7~8厘米。

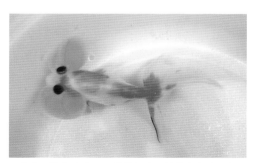

双葡萄眼樱花水泡眼，樱花般晕开的体色十分漂亮，长10~11厘米。

非常特殊的配色，分别是黑顶蓝背、雪青、黑白熊猫水泡眼，这样的体形也比较少见（尾鳍较短，尾柄较粗，身形更厚胖），大多是泰国产的，价格也较高。

偶尔可以在水泡眼里找到有完整背鳍的个体，称为"扯旗水泡眼"。

五花扯旗水泡眼，此鱼长7~8厘米。

金（橘）扯旗水泡眼，此鱼长6~7厘米。

金（橘）鲨鱼鳍水泡眼，此鱼长6~7厘米。

品种名称	水泡眼
饲养难度	★★★★
泳速与竞争力	★
头形	尖（平）头
体形	兰寿型
尾形	四片尾、三片尾、樱尾
适合欣赏角度	俯视为主、侧视

9. 朝天眼

朝天眼，也称为"望天眼""顶天眼""朝天龙"。长相有点类似没有水泡的水泡眼，眼睛朝上但更大，有些鱼友会觉得它们长得有些古怪或像是非真实的假鱼，但喜欢朝天眼的鱼友会觉得它有种有趣的呆萌喜感。因双眼朝上，所以视线只限于上方，觅食能力较薄弱，属于比较弱势的品种，建议单独饲养，或尽量避免与过于强势、泳速快的金鱼混养，水流与过滤器不宜过强。

挑选时，应选择两眼大小一致、背上平直无凸刺凹陷者。应避免有大小眼、高低眼、白内障等眼睛方面的问题。由于橘（金）体色数量最多，偶尔可以找到红白、白、黑、包金等体色，很难找到软鳞花鱼，所以若有漂亮特殊体色又符合上述条件时，建议优先挑选。

金（橘）朝天眼，长6~7厘米，身体偏瘦，尾鳍稍长。

此图的朝天眼侧视时，背接近尾柄处不平直，算是小缺点。

红白朝天眼，长7~8厘米。由于红白配色较少，对于眼部的要求标准可稍微降低些。

长16~17厘米的较大尺寸金（橘）朝天眼，长尾的尾鳍在俯视游动时，有飘逸感。

一盆长6~7厘米的小尺寸朝天眼，体色有金、包金、紫黑。

图中为在一批进口的朝天眼鱼群里挑选到的一只变异个体，其尾鳍变为单片尾，眼睛变为朝前眼，正脸照很像外星人。养金鱼的乐趣有时候也来自于能找到有趣的变异个体。

兰寿中有完整背鳍的叫作"扯鳍寿"，水泡眼中有背鳍的叫作"扯鳍水泡眼"，朝天眼一样也有带完整背鳍的版本，叫作"扯鳍朝天眼"。

此图由金鱼快讯提供。

金扯鳍朝天眼，此鱼长7~8厘米。

品种名称	朝天眼
饲养难度	★★★★
泳速与竞争力	★★
头形	尖（平）头
体形	兰寿型
尾形	四片尾、三片尾、樱尾
适合欣赏角度	俯视为主、侧视

10. 绣球朝天眼

绣球朝天眼在日本称为"顶天花房"，跟上一小节的朝天眼相比，其鼻孔外多了两粒绣球（鼻褶），体形更为短胖，尾鳍也较短，属于少见且娇弱的鱼种，适合俯视欣赏。

除了要注意朝天眼的基本选择条件之外，两边绣球的完整性与大小一致性也是特别要注意的地方，应尽可能挑选绣球颜色与鱼只体色差异较大的搭配，这样绣球才能更突显。

红白绣球朝天眼，红色的绣球与头部白色区域做搭配，是蛮鲜明的配色方式。

纯白绣球朝天眼长10~11厘米，红白绣球朝天眼长11~12厘米，放一只一般的长5~6厘米的橘红朝天眼进来，就能够看出差异。

绣球更为发达的纯白绣球朝天眼，但绣球与体色皆为白色，距离较远俯视欣赏时，绣球可能就不是很突出。

品种名称	绣球朝天眼
饲养难度	★★★★
泳速与竞争力	★★
头形	尖（平）头
体形	兰寿型
尾形	四片尾、三片尾、樱尾
适合欣赏角度	俯视为主、侧视

11. 南京

南京是日系金鱼，又称为"出云南京"，头瘤不发达，头部前端较尖细，没有背鳍，俯视时身体越靠近尾鳍的部分越胖，尾鳍介于短尾与长尾之间的中长尾，对水质要求高。

南京的成鱼追求的是红白分明艳丽。

挑选时，若是成鱼，则俯视时以接近带圆角的三角形体形为优（小鱼腹部没有这么宽胖是合理的，可选择），尾部需有尾张，颜色以红白相间且鲜明为宜，若白色多于红色（白胜更纱）更佳。

品种名称	南京
饲养难度	★★★★
泳速与竞争力	★★★
头形	尖（平）头
体形	兰寿型
尾形	四片尾、三片尾、樱尾
适合欣赏角度	俯视

12. 蛋绣球

蛋绣球是大陆系老品种，又称为"蛋球"，顾名思义，是蛋种金鱼鼻孔外多了两粒绣球（鼻褶）。若是软鳞花鱼，则被称为"花蛋球"。尾鳍介于短尾与长尾之间的中长尾，头瘤不太发达。

蛋绣球目前市面上比较少见，若有挑选机会时，以绣球大而明显者为佳，绣球颜色有红（较佳）、白、黄等色，背幅平直略有弯度。

蛋绣球的成鱼，体形较胖，绣球大而明显。

品种名称	蛋绣球
饲养难度	★★★★
泳速与竞争力	★★
头形	狮（虎）头
体形	兰寿型
尾形	四片尾、三片尾、樱尾
适合欣赏角度	俯视、侧视

3-5 特殊种金鱼

金鱼种类不断推陈出新，开始出现无法归属于草种、文种、龙种、蛋种这些传统四大类型，或是同时具有两种类型以上特征的金鱼，笔者将之归类于特殊种金鱼。

1. 龙睛兰寿

龙睛兰寿在日本称为"出目兰寿"，同时具有龙种与蛋种金鱼的特征，简单来说，就是凸眼睛的兰寿，属于比较少见的鱼种。

包金龙睛兰寿、黑龙睛兰寿，长9~10厘米。

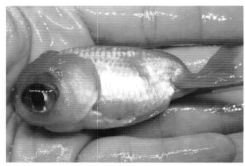

红白龙睛兰寿，此鱼长8~9厘米。

挑选时，注意双眼要明显外凸，不要有大小眼与高低眼，具有适中的头瘤，有背幅曲线，较少看到全红之外的体色（尤其是花鱼），所以若看到符合基本挑选条件的漂亮配色花鱼，建议优先挑选。

品种名称	龙睛兰寿
饲养难度	★★★★
泳速与竞争力	★★
头形	狮（虎）头
体形	兰寿型
尾形	四片尾、三片尾、樱尾
适合欣赏角度	俯视、侧视

2. 龙睛狮头

龙睛狮头同时具有龙种与文种金鱼的特征，简单来说，就是凸眼睛的狮头，属于比较少见的鱼种。近年来日本与泰国培育的凸眼睛狮头，称为"龙眼"，或者可以在一批狮头里挑选到凸眼的变异个体。

挑选时，注意双眼要明显外凸，不要有大小眼与高低眼，头瘤明显，背鳍挺直。

品种名称	龙睛狮头
饲养难度	★★★
泳速与竞争力	★★★
头形	高（鹅）头
体形	狮头型
尾形	四片尾、三片尾、樱尾
适合欣赏角度	俯视、侧视

丹顶龙睛狮头。

长11~12厘米，与顶红龙睛有点像，但是仍有差异，是狮头的身形。

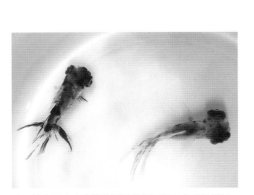

在一批大陆产小花狮头里挑选到两只五花龙睛狮头。

侧视可以看到有凸眼有头瘤有背鳍，此鱼长6~7厘米。

3. 龙晴鹅头珠鳞

　　龙睛鹅头珠鳞同时具有龙种与文种金鱼的特征，身体具有珍珠鳞，简单来说，就是凸眼睛的鹅头珠鳞，属于罕见鱼种，饲养时须注意保持水质，有时候也可以在一批鹅头珠鳞里找到凸眼的变异个体。

　　全身珍珠鳞完整不掉鳞，两边凸眼明显且大小相同，高（鹅）头明显，长尾不折尾，能同时达到这些标准的，加上配色漂亮，则为上品。

五花龙睛鹅头珠鳞，在日本称为"五花龙"，如果是黑白色或三色，则称为"变龙"。

品种名称	龙睛鹅头珠鳞
饲养难度	★★★★
泳速与竞争力	★★
头形	高（鹅）头
体形	琉金型
尾形	四片尾、三片尾、樱尾
适合欣赏角度	俯视、侧视

若体色为浅泛青色（浅灰蓝色）搭配黄褐色类似金黄稻穗的斑纹，这样特殊的配色加上类似龙睛鹅头珠鳞的特征，则是日系新品种"穗龙"。

4. 龙珠

　　龙珠同时具有龙种与文种金鱼的特征，身体具有珍珠鳞，简单来说，就是凸眼睛的短尾珠鳞、龙晴珠鳞，属于罕见鱼种。

　　以全身珍珠鳞完整不掉鳞、两边凸眼明显且大小相同、侧视与俯视时身体接近正圆、无栽头者为佳。

红白鲜明、体形浑圆漂亮、凸眼的龙珠。

品种名称	龙珠
饲养难度	★★★★
泳速与竞争力	★★
头形	尖（平）头
体形	琉金型
尾形	四片尾、三片尾、樱尾
适合欣赏角度	俯视、侧视

第四章

饲养环境
与方式

挑鱼、买鱼短时间内就可以决定，
但要将金鱼养得久、养得好，
则要了解金鱼需要的环境与相关知识，
否则买回来的金鱼再美丽也只是昙花一现，
无法长久持续欣赏，且不可惜？
饲养者应该尽力创造一个适合金鱼生长的环境，
在经费预算、维护周期、操作习惯等条件中，
找到一个自己可以接受又能够将鱼养好的平衡点。

4-1 适合水质

所谓"养鱼先养水"，首先要了解的就是水源与水质特性。

1. 可以取得的水源

● 地下水

例如井水与泉水等由地下水。地下水里通常矿物质多，一般来说硬度大，属于比较适合养金鱼的硬水（许多养殖场就采用地下水），但不同地区的地质土壤会让水质产生颇大的差异，建议先测试水质相关数据，再决定是否取用地下水养金鱼。

● 地表水

例如溪流的山泉水、湖泊水等，由于里面有较多其他生物生存，寄生虫、微生物、病菌感染的问题可能会比较多，水质也较不稳定（工业用废水排入、下大雨后水质变化等），不建议使用本种水源。

● 自来水

自来水水质通常比较稳定（变因较少），是家庭饲养金鱼较适合的水源，因此本书讨论的水源以自来水为主。

由于自来水是以氯气消毒，所以需注意水中余氯的问题，氯过高则需要去除，否则会对金鱼产生伤害，不利于金鱼生存。

网络上有鱼友分享说他养金鱼都是直接注入自来水，好几年都是这样养，没有任何问题，结果别的鱼友仿照这种方式养金鱼，鱼只却一直有状况发生，甚至死亡，其实有可能就是不同环境中的变动因素所造成。

2. 饲养区域环境的变因

● 地区水质不同

例如A鱼友所在位置是南部的曾文水库，B鱼友所在位置是北部的石门水库，这两个地方的水质就不同，南部水库水质较硬，适合养金鱼。

● 水塔进新水的速度

例如A鱼友住在独栋别墅，1个水塔的水量是3吨，只供他1户人家用水（5位成员），所以水塔进新水的速度很慢，自然有静置挥发储水中氯的效果。而B鱼友住在公寓式的房屋，1个水塔的水量同样是3吨，但必须同时供应20户人家用水（100位成员），水塔每天处于一直补进新水的状态，水中的氯就很难快速挥发，导致水中有过高的余氯而不利于养金鱼。

● 管线设备新旧

例如A鱼友住新建的房屋，水管线路设备比较新式；B鱼友住较旧的公寓，水管线路为金属管线，容易锈蚀影响水质，水塔等设备久不清洗，也可能会影响水质。

养鱼方式千百种，鱼友的经验不同甚至意见相左，根源就是每个人所处的区域环境等有差异。慢慢调整找出最适合饲养的环境，以及自己能接受的饲养模式、设备与换水成本，才能让金鱼长期顺利存活。

小贴士

有些鱼友可能因为太爱护、心疼金鱼，注入鱼缸的水是蒸馏水或RO逆渗透水，其实这样反而不好，因为这两种水是纯净水，其中基本的矿物质等微量元素都已失去，鱼只长时间待在这样的水质环境里，反而会出现问题（除非额外定期补充水族用的微量元素到鱼缸中）。

3. 水质指标数据

● 氯

　　自来水经过水厂的净化处理后，在最后阶段都会添加氯进行消毒，以避免细菌的滋生，当氯加太多时，就会闻到漂白粉的气味（尤其在台风天下大雨过后）。水中氯过高对养鱼有不利的影响，可使用余氯测试剂之类的产品，对水质进行余氯量检测。一般常见的余氯测试剂若所显示的黄色越深，则代表余氯越高。

　　要让水中余氯低到适合养鱼的程度，可以使用以下几种方式。

　Ⓐ 室内静置水。找个容器，注入自来水，在室内静置至少3天。

　Ⓑ 阳光照射。找个容器，注入自来水，在阳光下暴晒至少2天。

　Ⓒ 水煮沸再冷却。此方法在水冷却后就可以用来养鱼，同时还有杀菌效果，但是对于鱼缸水量大的饲养者而言，可能就比较麻烦，不切实际。

　Ⓓ 用市售其他水源。例如市售桶装矿泉水、加水站的水等，但这仍须检测是否有余氯。

　Ⓔ 添加活性炭，炭可以吸附水中的氯。例如可以买三胞胎滤水器，里面有三个容器，第一个放入过滤棉滤出水中大颗粒杂质，后面两个则可以放入颗粒活性炭、压缩活性炭。这些滤材要定时更换才会有效果，是大水体鱼缸要换水时的好选择。

　　有脚架的三胞胎过滤器，更换滤心比较方便（但较占空间），左图右上方黑色的部分是接水龙头的水管（需有快速接头），左上方的蓝色部分是快速接头（可以很方便拆装），接橘色软水管就可以将水注入到鱼缸里。

若空间有限，可以改买没有脚架的三胞胎过滤器。笔者是将三胞胎过滤器放在洗手池底下（如右图），也可以将三胞胎过滤器钉挂在墙壁上。

F 加入海波（硫代硫酸钠，俗称大苏打）。这是早期比较传统的做法，1克海波约可用于10升水中。

G 使用打气机打气。找个容器，注入自来水后，将风管一头接到打气机，一头接上气泡石，将气泡石这头放到水里，借由打气让水中氯气等物质挥发，建议打气超过半天到一天（视打气输出功率而异）再使用。

H 使用水族专用的水质稳定剂，除了可以除氯之外，还有中和其他有害重金属与添加其他营养素的作用（视不同品牌而异）。

透明状的海波结晶颗粒，每一颗粒重0.5~1克。

水桶里使用打气机经过透明的风管，通过气泡石进行打气，可帮助氯挥发。

此图由宗洋水族提供，为伊士达除氯氨水质稳定剂。

● **GH水质总硬度**

GH水质总硬度值为淡水中钙离子及镁离子等含量的总值。硬水含有金鱼适合的较高的钙及镁元素，金鱼适合的GH 为120~180毫克/升（6.7° ~10° dGH，接近10° dGH较好），市售有水族专用的GH提升剂。

● KH碳酸盐硬度

KH碳酸盐硬度，用来表示淡水、海水中碳酸盐及重碳酸盐含量。KH能帮助维持pH值的稳定，在KH极低状态下易导致pH值快速变动，造成鱼只紧迫。金鱼适合的KH为120~240毫克/升（6.7°~13.4° dKH），市售有水族专用的KH提升剂或降低剂。

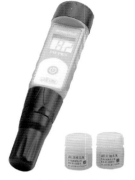

此图由宗洋水族提供，为伊士达pH测试笔。

● pH酸碱度

pH酸碱度，用来表示水中酸碱性。pH7.0为中性，高于7.0为碱性，低于7.0为酸性，金鱼适合在弱碱的水质中生存，以pH值在7.2~7.8最为适合。

可以使用pH测试笔来测试水中pH值。

许多地区的自来水源，pH值若为中性或弱酸性，可以在水中添加适量珊瑚石（骨）以提高pH值。

也可使用pH调整剂提高pH值。

此图由宗洋水族提供，为西肯金鱼pH缓冲剂。

● NO₂亚硝酸盐

金鱼适合的NO_2亚硝酸盐为0.5毫克/升以下，接近0更佳，NO_2过高对金鱼有致命的危险。换水虽然可以降低NO_2亚硝酸盐，但只是治标不治本，健全的硝化系统才是长远的治本方法，本书后面章节将会介绍硝化菌的相关知识。

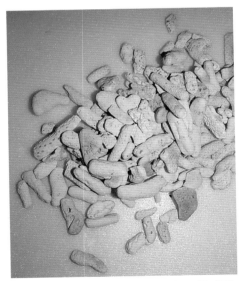

珊瑚石（骨）建议挑选颗粒较粗的，使用一段时间如果发现有崩解现象就要更换（拿出来用手指用力压会碎掉就要更换）。

● NO₃硝酸盐

NO₃硝酸盐

金鱼适合的NO₃硝酸盐为80毫克/升以下，若比80毫克/升稍高一些无大碍（只要不高太多，对金鱼无致命危险），实际上有些地区的自来水中NO₃硝酸盐已经超过80毫克/升。要降低NO₃硝酸盐，可以清除过滤器或鱼缸内死角所累积的粪便残饵，并辅以换水，但长远的治本方法仍是培养健全的硝化系统。

如果要快速了解鱼缸内的主要水质指标，可以使用多合一的测试片工具，很方便就可以一次性同时测试出GH、KH、pH、NO₂、NO₃数值。

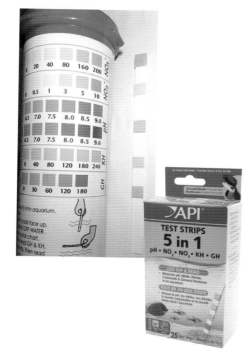

此图由宗洋水族提供，为API 五合一测试片。

4-2　饲养设备

所谓"工欲善其事，必先利其器"，有了适当的设备，加以妥善规划配置，才能养出健康活泼的金鱼。

1. 饲养容器

原则上只要能装水、不漏水、久放不产生有害物质的容器，皆可以用来养金鱼，例如玻璃缸、塑料桶、亚克力缸、FRP（玻璃纤维强化塑料）桶、陶瓷盆等，但要考虑水量大时容器是否坚固，是否会出现水压增大而变形、龟裂等问题。水量规模更大的容器则是水泥池、土池等池塘了。

容器建议以矩形为佳，圆形等有弧度的容器在摆置过滤器等设备时会遇到比较多的限制。

欣赏金鱼的角度也是选择饲养容器的考量，如果要欣赏侧视类的金鱼，则建议以玻璃缸饲养，常见市面上贩售的玻璃缸规格如下表。

玻璃缸常见制式规格	长（厘米）×宽（厘米）×高（厘米）	总水量（以满水位计算）
1尺缸	30×18×18	约10升
1.5尺缸	45×30×30	约40升
2尺缸	60×30×36	约64升
2.1尺缸	63×45×45	约127升
3尺缸	90×45×60	约243升
4尺缸	120×45×60	约324升

- 容量1升的水，其质量约等于1千克，所以摆置鱼缸的位置如桌子、架子的承重度，以及距离水龙头、排水孔的远近便利性，也要纳入考量。
- 饲养小尺寸金鱼，鱼缸高度建议在30厘米以下；饲养中尺寸金鱼，鱼缸高度建议在45厘米以下；饲养大尺寸金鱼，鱼缸高度建议在60厘米以下。
- **水量计算方式：**鱼缸长度（厘米）×鱼缸宽度（厘米）×水位高度（厘米）／1000。未除以1000前水量单位为毫升，除以1000后水量单位为升。

养金鱼建议至少准备1.5尺标准缸及以上的空间，金鱼中有些长尾品种的成鱼可以长到30厘米以上，加上金鱼自身的排泄与污染量大，即使只是饲养小金鱼，仍建议给予30～40升及以上的水体。很多人往往用养小型灯科鱼（例如红莲灯鱼）或孔雀鱼的小水体环境去饲养金鱼，又爱多喂食却懒得勤换水，自然很难养好金鱼。

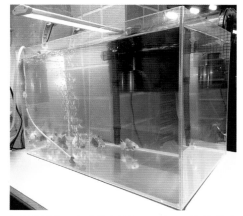

1.5尺标准缸，40升的水量里，可放置10只长8厘米左右的宽尾琉金。

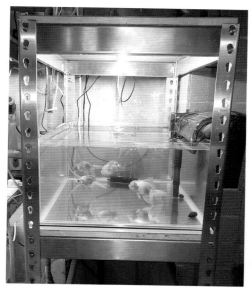

使用不锈钢角钢架打造的可分层利用的鱼缸,木板上有一层白色防水材质,当空间不足时,可以往上扩展。此鱼缸是向厂商专门定的缸(高度较低,可同时侧视与俯视)。鱼友可以依据自己架子的长宽高尺寸,定做一个可以充分利用空间的鱼缸。

使用防水贴皮木柜的鱼缸,优点是整体风格一致,较为美观,适合放置在室内,底下木柜亦可规划成底部过滤缸,过滤上层主缸的脏污。

　　若鱼缸规划放置在木柜、角钢架之上,防潮防锈方面得注意,建议用的木材最好做防水处理(例如南方松涂防水漆或贴防水贴皮),铁或钢材有镀锌措施,或直接使用不锈钢等材质能延长使用寿命,烤漆等多半难以长久维持(仍很容易锈蚀)。

小贴士

- 不建议用圆形的玻璃缸饲养金鱼,因为圆形缸多半储水量小,也不容易放置过滤器。
- 若采购不锈钢架,建议挑选304不锈钢,抗腐蚀与耐锈性好,适合水族使用。有一个比较简单的辨识方法,304不锈钢或更高规格316不锈钢的架子,磁铁是无法吸附上去的,因为铁质成分低,铬与镍成分高。

2. 使用滤材

本小节文字与表格内容由友浚生技指导。

　　除了选择适合鱼缸水量的过滤器之外，滤材的种类及配置方式也相当重要，务必掌握"物理→生物→化学"的配置方式。首先须使用物理性滤材将大颗粒的有机污染物（排泄物）拦截起来，使其之后的生物性滤材及化学性滤材保持水流充足、不被淤塞的状态，也使分解者（包含细菌、真菌、原生生物、无脊椎动物）能在此层有效发挥分解大分子代谢物的作用。生物性滤材给硝化菌提供一个适合繁衍生长的场所，硝化菌能够利用无机物 CO_2 作为碳源，属于自养型细菌，但其同样可以利用有机物，只是有机物的利用效率比其他异养型微生物差，因此在水中存在有机物时会有被竞争取代的现象，导致氨及亚硝酸累积过多。最后再使用化学性滤材来调整水质（视需求选用，非必备条件）。

一般常见滤材分类与主要功能

滤材	类别	主要功能
白棉	物理过滤	过滤水中较大颗粒之悬浮粒子
羊毛绒（棉）	物理过滤	过滤水中较大颗粒之悬浮粒子
生化棉	生物过滤	培养硝化菌，分解含氮废物
生化球	生物过滤	培养硝化菌，分解含氮废物
菜瓜布	生物过滤	培养硝化菌，分解含氮废物
陶瓷环	生物过滤	培养硝化菌，分解含氮废物
活性炭	化学过滤	吸附重金属等有害物质
麦饭石	化学过滤	吸附氨及亚硝酸
吸氨沸石	化学过滤	吸附氨及亚硝酸
软水树脂	化学过滤	吸附阳离子以降低水的硬度（饲养金鱼不适合）
珊瑚石（骨）	化学过滤、生物过滤	提高水的硬度（增加 Ca^{2+}）及防止水质酸化（降低 H^+），珊瑚的孔隙也能够提供硝化菌生长，因此也具有生物过滤的功能

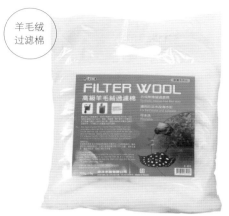

此图由宗洋水族提供，为羊毛绒过滤棉。
可以比白棉过滤更细微脏污，且可搓洗重复利用。

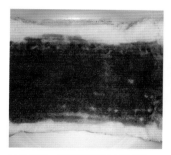

已经使用一段时间的脏污羊毛绒。

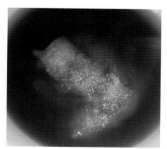

可用原缸水反复搓洗几次，若有破损、塌扁或清洗不干净等情况，需要更换新的羊毛绒。

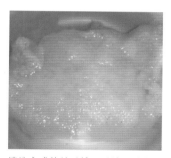

清洗完成的羊毛绒可以放回过滤器继续使用。

此图由宗洋水族提供，为纳米陶瓷柱，相当于是制作成比较大的陶瓷环，适合堆叠放在比较大空间的过滤器里。

放置在上部过滤器滴流盒（便当盒）里的陶瓷柱，已经使用了一段时间，冲洗后可再放回去重复使用。

活性
生物珠

此图由宗洋水族提供，为活性生物珠，是把陶瓷环制作成圆球状的陶瓷珠，可以放在比较小空间的过滤器里。

长效柱状
活性炭

此图由宗洋水族提供，为放置在网袋里的长效柱状活性炭。可依鱼缸污染状况使用3～4个月后更换，亦有吸附残留药物的作用（下药治疗期间须取出活性炭）。

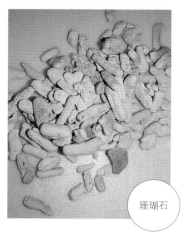

珊瑚石

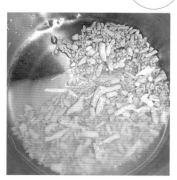

已经使用较久的珊瑚石，会让水变得白浊，用手指用力压时会崩解，此时就需要更换，以免破坏水质。珊瑚石有孔隙，也可以拿来当作生物过滤，若使用新的珊瑚石，建议先用清水冲洗一下，并将里面非珊瑚石的脏污剔除，里面若掺杂有贝壳时，贝壳也要剔除（贝壳很少有孔隙，当作滤材时培菌效果差）。

滤材的类别界定有时并非界限鲜明，细菌基本上有空隙就钻，以上滤材或多或少都可视为生物性滤材，只是适不适合、够不够用以培养足够多的硝化菌罢了。另外，石制滤材除非材质特殊，不然或多或少都有防止水质酸化的作用，使用在不同缸子中，滤材有时会扮演不同角色。

那么滤材该放多少才够呢？基本上只要挑选适当的过滤器，将滤材塞满（尽量填满但不压实）即可，例如两尺标准鱼缸（满水位总水量约64升），饲养金鱼使用的生物滤材建议用量约为2升。

既然过滤器及滤材如此重要，且基本上越多越好，为何有些缸子没有过滤器也可以养鱼？仔细观察就能发现，此时"过滤器"是以另一种形态呈现在鱼缸中。例如种满水草的鱼缸，底层有深厚沙土的鱼池，甚至看似肮脏的绿水，其中含氮废物已以较为自然的方式被化除，若鱼只密度不高，则无过滤装置也可以。对一般鱼缸来说，多半只有过滤系统不足的问题，轻则水面泡泡变多，水浊，重则鱼只不适，甚至死亡，所以在设立新鱼缸时，还是得按部就班好。

　　以饲养金鱼的滤材来说，建议首先第一层物理过滤以白棉或羊毛绒等滤材挡脏污为主，第二层生物过滤可以放置陶瓷环等滤材，第三层化学过滤则可以放置珊瑚石（骨）等滤材。第二、三层的滤材为了日后整理与更换方便，建议用尼龙网袋装放陶瓷环与珊瑚石等较小颗粒的滤材。

此图由宗洋水族提供，为水族用的尼龙网袋，设计有束口，较方便拆装。

3. 过滤设备

　　过滤器里最主要设备就是抽水电机，比较常见的抽水电机为"扬水电机"与"沉水电机"。

● 扬水电机

　　扬水电机本体不可放置到水里，常使用在上部过滤器里（安装在水面上），旋转叶扇必须浸在水中。扬水电机若标示单位为100升/分，则表示1分钟可以通过100升的水量，1小时则可以通过6000升的水量。

扬水
电机

此图由宗洋水族提供，为ISTA 50升/分扬水电机，适合使用在水量100～150升的金鱼缸。

● 沉水电机

　　沉水电机本体可以完全放置到水里，常使用在侧滤、背滤、底滤等过滤系统中，若上部过滤空间不足，也可以考虑使用沉水电机，但鱼缸水体太小时，使用沉水电机会因为散热问题而稍微提高鱼缸内温度。通常沉水电机的扬程与耐用度（使用寿命）也较高，价位会比扬水电机贵些，建议选择能调整流量的沉水电机，未来在使用上会更灵活些。沉水电机若标示单位为100升/小时，表示60分钟（1小时）可以通过100升的水量。

此图由宗洋水族提供，为伊登126型迷你沉水电机，800升/小时，扬程1.5米。

扬程是指以电机出水口位置做基准，电机能将水往上垂直推升的最大高度。

4. 过滤方式

　　鱼缸可以使用的过滤方式有很多种，在此介绍各种过滤方法与优缺点。

● 气动式过滤

　　只单纯依靠打气机带动，俗称"水妖精"的生化棉过滤器。这种过滤方式较适合饲养灯科鱼、孔雀鱼等小型鱼，若要当作饲养金鱼的主要过滤器，建议只养很小只且很少量的金鱼，并辅以常换水为宜（一段时间要将生化棉拿出来搓洗）。此种过滤方式用来当作金鱼缸的辅助过滤比较适合。

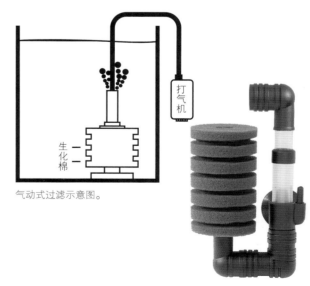

气动式过滤示意图。

此图由宗洋水族提供，为ISTA单管生化过滤器。

● 底板式过滤

　　此种方式是在过滤板上面铺上底沙，利用打气机、沉水电机等的动力，将水体经过沙石进行循环过滤，并增加硝化菌培菌面积，但使用久了底沙缝隙容易有代谢产物、杂质堵塞，之后造成底床败坏而影响水质，因此一段时间必须进行全面翻沙清洗或更换（建议将金鱼移出后再清理）。

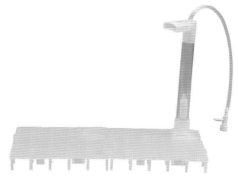

此图由宗洋水族提供，为ISTA过滤底板。

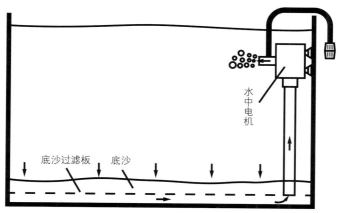

水中电机

底沙过滤板　底沙

底板过滤示意图。

● 沉水式过滤

　　沉水式过滤器的优点同时也是其缺点，即不用占鱼缸外的空间，但占用了鱼缸内空间，会减少鱼只的活动空间。市售的沉水式过滤器安装方便，但内建的过滤器多半过滤面积小，因此较适合小缸或鱼只较小的环境，饲养鱼只数量也不要太多。

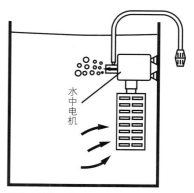

水中电机

沉水式过滤示意图。

● **外挂式过滤**

　　外挂式过滤器优点是比较美观且安装方便，多半有旋钮可调整出水量，缺点是体积通常不大，因此建议用在40升以下的小型鱼缸为宜，同时不建议购买薄形的外挂过滤器（过滤区厚度较为不足）。

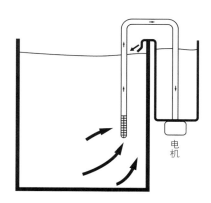

外挂式过滤示意图。

此图由宗洋水族提供，为ISTA外挂过滤器。

● **圆桶过滤**

　　圆桶过滤器优点是较为安静美观，放置在室内时可隐藏在底柜里，同时可以串接不同的圆桶做扩充运用，缺点是桶内为封闭空间，水流过所能携带的氧气有限，且价位相对较高，清理需要拆装，较不方便。

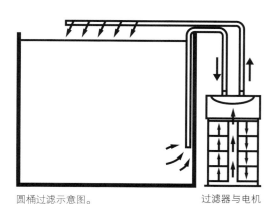

圆桶过滤示意图。　　　　　　过滤器与电机

此图由宗洋水族提供，为多功能外置过滤器。除了可以平放当作圆桶过滤器使用之外，也可以挂在鱼缸上当作外挂过滤器使用。

● 缸内侧滤或背滤

直接将过滤区设置在鱼缸左边或右边，称为"侧滤"；若将过滤区设置在鱼缸的后面，则称为"背滤"。建议过滤区要占鱼缸总体积五分之一以上为宜，若不想在鱼缸上面或周围挂上过滤器，侧滤与背滤过滤器会是很整齐美观的好选择。滤材都浸在水中并强迫式过滤，培菌效果佳，缺点是市售现成的测滤或背滤缸，通常过滤区规划的比例都太小，若要饲养金鱼，可能需要定做过滤区较大的鱼缸。

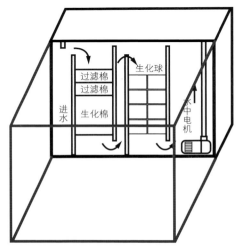

缸内背部过滤示意图。

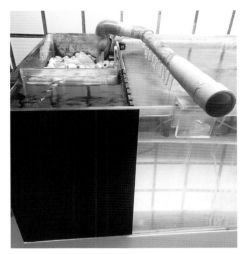

左侧过滤并在出水时使用雨淋管。

● 上部单层强迫式过滤

架设在鱼缸上面的上部单层强迫式过滤器，滤材都浸在水中并强迫式过滤，缺点是由于只有单层，若过滤盒的宽度不足时，第一格的过滤棉很容易脏污堵塞，降低过滤效果。若饲养鱼只数量多且喂食多时，不建议使用此种过滤器。

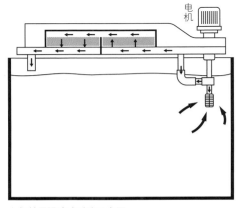

上部单层强迫式过滤示意图。

● 上部滴流式过滤

上部滴流式过滤可以由鱼友自行决定要堆叠几层，价格便宜但效果颇佳，是性价比颇高的主流过滤方式之一，缺点是堆叠过高时不美观，且有安全隐患。如果鱼缸玻璃较薄，建议鱼缸两侧另外使用角钢架之类的直立支撑架做辅助。

2尺标准缸用的上部滴流式过滤器，堆叠3层过滤。

4尺标准缸用的上部滴流式过滤器，堆叠5层过滤，每层由3个过滤盒构成，这种过滤盒俗称"便当盒"。

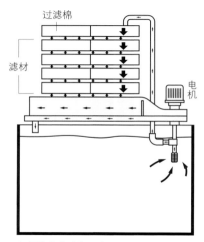

上部滴流式过滤示意图。

● 底部过滤

底部过滤常见以木柜等方式将过滤缸放置在下层，上层则放置鱼只主缸，过滤底缸水量若能有上方主缸水量的三分之一及以上，是性价比较高的配置方式。底部过滤的优点是美观并适合放在室内（过滤区隐藏在底柜），过滤效果佳，缺点是建置成本较高。

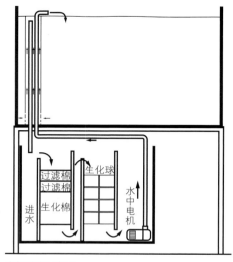

底部过滤示意图。

● 干湿分离过滤

　　干湿分离过滤器是比较后期才出现的，简单来说，就是把滤材浸在水中强迫过滤的底滤搬到鱼缸上面，再结合原本的上部滴流式过滤（干）。优点是过滤效果佳，缺点则是较不美观，且重量很重，需考量鱼缸玻璃厚度与承重度等问题。如果鱼缸玻璃较薄，建议鱼缸两侧另外使用角钢架类的直立支撑架做辅助，以分散重量，较为安全。

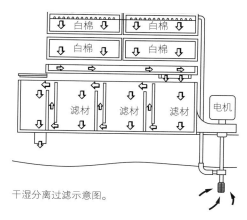

干湿分离过滤示意图。

为了放置重量颇重的干湿分离过滤器，笔者定做的鱼缸玻璃厚度达0.8厘米，并使用两条角铝横跨在鱼缸上，以避免过重时过滤器中间产生U形凹陷。

传统的日系金鱼养殖，没有用过滤器，只使用打气机维持供氧，且每天大幅度换水，甚至一天喂食多次时也跟着换水多次，借此将水中的有害物质排除。

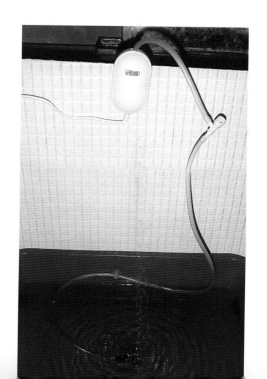

5.打气设备

　　打气机所接的风管（空气软管），建议购买硅胶材质的，使用寿命较长，可以避免用久后变形及硬化。若打气机本身没有控制风量的功能，可在风管之间加上空气调节阀，即可以控制出气量。风管若要固定在缸壁或缸底，可以使用圆形吸盘。

空气调节阀除了单孔调节阀（见左下蓝图中右上角）之外，也有一对二的三叉调节阀（见左下蓝图中左上角），亦可以购买可多个串联组合的调节阀（见左下蓝图下方），但要串联输出数个调节阀，打气机的出气量也要够大才行。

打气机必须放置在高于鱼缸水面的位置，否则水容易倒流，导致打气机故障。若打气机只能放置低于鱼缸水面的位置，打气机风管之间可接上止逆阀，或者购买止逆气泡石。

此图由宗洋水族提供，为止逆阀。

此图由宗洋水族提供。传统气泡石用久了堵塞需清理或作废，塑料制的气泡石不易堵塞，容易拆洗，对于常下药的治疗缸或检疫缸，适合使用此种气泡石（但输出气泡较大）。

金刚砂半圆形气泡石。

打气机输出除了可以接气泡石，也可以接气动式过滤的黑色生化棉过滤器，另有一种俗称"水妖精"的气动过滤器，是透明外壳，里面为活性炭滤棉与培菌石。

还有一种气动式过滤演进版本叫"吸便器"，上面加上了风扇。当打气输出越强时，风扇转得越快，吸取鱼只粪便的能力越强，但由于要有累积鱼粪便的区域，所以吸便器本体高度较高，建议用在高度较高的鱼缸环境中为宜。

饲养金鱼时，建议鱼缸内同时装有过滤器与打气机，当其中一个设备故障无法运作时，至少有一个设备能持续供氧，但万一遇到停电，仍会造成鱼只死亡。笔者使用大型打气机鼓风机，（见下图右边银灰色机器），接上UPS不断电系统（见下图左边黑色机器），当遇到停电时仍能持续对鱼缸供氧一段时间。

透明外壳结构的"水妖精"。

吸便器。

一般鱼友饲养少量金鱼在室内的，可能不方便使用大型打气机与放置UPS不断电系统，可以购买内建锂电池的打气机，所占的空间跟小型打气机差不多，插电使用，停电时会自动切换使用锂电池的电力，且打气输出会变成间歇工作模式（打气一下会自动暂停再恢复打气，这样持续循环），通常可维持供氧长达数小时。

此图由宗洋水族提供，为内建锂电池的双孔打气机。

6. 控温设备

水族用的加温器，多半设计为长条棒形，俗称"加温棒"。选购时不要购买固定温度的加温棒，例如定温32℃的加温棒，一放到水里就会让水温直接上升到32℃，除非另外再加装较为高价复杂的控温主机（也可串联较多支加温棒）。一般家庭中小鱼缸使用可调节温度的单支加温棒是比较好的选择。

此图由宗洋水族提供，为电子刻度控温器，可自行设定温度在20~34℃，这款产品比较特殊的是具有两个温度感应器，使用上更为安全。

建议加温棒功率	适用水量
35瓦	10~35升
70瓦	35~70升
120瓦	70~150升
300瓦	150~350升
500瓦	350~500升
800瓦	500~700升

使用加温棒，要依鱼缸的总水量进行选择，要避免小水量鱼缸使用大功率加温棒导致水体过热等问题。

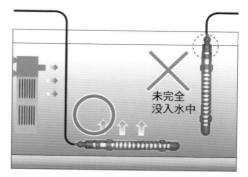

小功率加温棒使用在大鱼缸里，会造成加温棒一直持续加温，但迟迟无法达到设定温度的问题，这样只会浪费电却没有效益。

此图由宗洋水族提供。加温棒放置到鱼缸，最好横放到中央底部，位于水流循环好的位置。垂直放置时若没有完全没入水中或当鱼缸水位下降而露出时，会导致加温棒烧毁，产生安全问题。

金鱼不是怕冷或热，事实上可以看到当水面结冰时金鱼仍在水中游动，也可以看到在炎热的夏季，金鱼也还在水里悠游，只是因金鱼心脏小，较不能承受短时间内剧烈的温度变化。简单来说，就是金鱼怕瞬间温差大。

例如，气象预报某天早晚温差将超过10℃，中午30℃，晚间温度会降到20℃，则可以将加温棒设定成27℃（当天最高温减掉3℃左右），如此当晚间温度降低时，鱼缸温度仍只下降3℃，温差就小，对金鱼会比较好。此为范例，实际上需视具体环境与当季气温做适度调整。

例如，在办公室小鱼缸养金鱼，金鱼就很容易得白点病（相当于人的感冒），这是因为鱼缸水体小温度变化快，而办公室又是很典型的温差大的环境，夏天上午上班空调开到24℃，但下班空调关掉后，环境温度很快会上升至30℃，每天温差大，金鱼自然容易出状况，所以可以将加温棒设定成27℃。如此，上班空调冷的时候，鱼缸温度仍维持在27℃，下班后鱼缸温度再多上升3℃，温差仍小，且加温棒不工作时也省电。

　　建议增加温度计放在鱼缸角落，可用于监测鱼缸内温度。如果鱼缸过长或水体较大时，缸内温度可能有落差，此时就要放两支以上的加温棒协同工作（这种情况适合使用温控主机），温度计也要多准备几个放在鱼缸的不同位置。

　　贴纸式的温度计，优点是便宜、容易安装、不会脱落，缺点是贴在缸外，温度显示不精准，贴上后不容易撕下，撕下后失去黏性无法重复使用。

　　一般常见的水族用的温度计，多半使用吸盘贴附在缸内，时间一久吸盘容易老化脱落，或是温度计整个被金鱼撞掉。建议使用挂式温度计，边条缸或开放缸皆可使用，准确度高，温度刻度清晰易读，也方便随时移动。

小贴士

有些鱼友喜欢一年四季都将鱼缸温度设定在30℃左右，温度高时金鱼的新陈代谢会更快，新陈代谢长年过快，不是好现象。建议还是依照一年四季的温度去做微调，主要控制短时间内温度不要变化过大即可，也节省电费开支。

7. 换水与除藻设备

　　换水对维持鱼缸水质是很重要的，如果鱼缸水体比较大，就要规划换水补水的方式，若是定制鱼缸，可以考虑做快速排水（简称快排）设计。如果要做得更完整，就要做含滴流补水的全系统缸。为了预防补水时人不在水满出鱼缸外，还可以加上溢流机制（水超过一定高度自动流出）。

笔者的鱼缸挖孔后做了快速排水。只要把红色开关打开，水即会排出至只剩下三分之一的水量，再使用三胞胎过滤器除氯后补水入缸。

使用三胞胎过滤器补水时，可以在软水管上加装水管固定夹，使水管固定在鱼缸上。

如果鱼缸较小或是使用市售的标准缸（没有挖排水孔与管线），则可以使用虹吸管，只要插入鱼缸，手动按压，即可利用虹吸原理将水排出，如果鱼缸有使用底砂要进行清理，也可以使用虹吸管吸除脏污。

日本水作虹吸管，制作得颇为密合，轻松按压即可排水。

小鱼缸要换水，可以考虑使用滴流桶（换水桶）。例如照片中的滴流桶可以装6升水量，桶底做L形凹槽，可以放置到矩型鱼缸上而不会滑落。黄色旋钮可以调整滴流的速度，让鱼只慢慢适应注入的新水水质。

如果要直接使用虹吸管做鱼缸换水，建议在虹吸管吸水口处加装水族用炸弹头或包裹粗滤棉，可以避免鱼只被吸到而受伤。

还可以购买市售多合一清洁组，里面有虹吸管、除藻刮刀、清洁刷，并附有各式接头因应不同需求。

换水掌握一个大原则：换水的比例越高时，注入新水的速度就要更慢，以免水质震荡过大过快，鱼只容易出现各种异常状况。

此图由宗洋水族提供，为五合一清洁组，具有多功能换水器、橡胶与不锈钢刮刀、浮力式清洁刷等设备，以及各种接头。

如果鱼缸内要除藻，可以利用一些吃藻的生物，例如蓝眼胡子鱼、女王鱼等异形类鱼只。在金鱼缸里放养异形类鱼只，要留意鱼太小会被金鱼吃掉或卡在金鱼嘴巴上，鱼太大又容易攻击金鱼或当食物不够时会吸取金鱼表面黏膜等问题，因此可以考虑在鱼缸中放置螺类。

由左开始，依序是笠螺（壁蜑螺）、黑金刚螺（军帽螺）、斑马螺、巧克力螺、蜜蜂角螺（天珠角螺）。

建议使用黑金刚螺，食藻能力强。图为黑金刚螺正在啃食鱼缸壁上的藻。

不要担心上面介绍的这些螺会大量繁殖造成生态问题，因为这些螺需在汽水域（盐度介于淡水与海水之间的水域）才能繁殖，金鱼缸是淡水环境，这些螺虽然可以生存与觅食，却无法繁殖。

8. 照明与其他设备

若鱼缸中只养金鱼，则对灯光要求不高，只要自然光线够强、亮度足够即可。鱼缸有了好的照明，才能方便欣赏金鱼的各类泳姿表现，小型鱼缸可购买水族用的夹灯。

此图由宗洋水族提供，为高之光夹灯。

水族用灯大致上可分为全白灯、蓝白灯（冷色系灯）、红白灯（暖色系灯）。金鱼比较适合使用增艳灯，会让橘红色的金鱼变得更艳红鲜明。若看不习惯增艳灯照射出来的偏红水色，则可以使用全白灯，以呈现鱼只原始体色。

此图由宗洋水族提供，为全色系水族专用灯，分成全白灯、水草灯、增艳灯、蓝白灯四种，长度从0.3米至1.5米都有。

若鱼缸内水长时间白浊，也可以考虑购买紫外线杀菌灯，当缸内水流过紫外线灯时，便会有杀菌效果。紫外线杀菌灯若每天开启，使用1年左右就必须更换灯管，可以买个电源定时开关，每天开8小时杀菌灯的效果与开24小时差距不大，但灯管寿命可以延长3倍。

右图鱼缸水有点白雾，因此使用紫外线杀菌灯进行改善，大约8个小时即可看到水质变清澈。这款杀菌灯自带电机，因此需要插2个电源插座。有些杀菌灯本身没有附电机，必须通过例如圆桶过滤器串接提供电机动力，所以需依自己的需求购买。

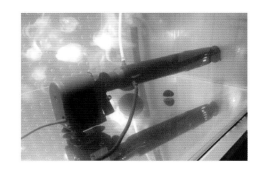

此图由宗洋水族提供，为不锈钢组合式浮力渔网。有细网与粗网规格，管柄中空设计，当渔网落水时，管柄会垂直浮起，可方便拾起渔网。

鱼缸内有金鱼被欺负、状况不好、受伤等，又不想鱼只到新环境隔离（担心产生适应的问题），则原缸隔离是一个不错的处置方式。有许多种水族隔离设备，例如标准缸可以使用透明隔板，或使用吸盘式隔离箱。

当金鱼翻肚时，容易因为鱼肚长时间暴露在水面外，导致鱼肚发炎溃烂，这时可以使用漂浮式隔离箱。这种箱子上方有盖子，可以让翻肚金鱼还是一直保持在水里，避免部分鱼体离水溃烂。

也可以将有孔洞的塑料篮两侧加上泡沫塑料，自己制作成隔离浮盒。

4-3 认识硝化系统

本小节文字由友浚生技指导

准备好鱼缸及过滤系统，并将自来水除氯处理后，就可以正式设缸。首先要了解硝化系统的基本运作原理。

鱼排泄物与饲料残饵等含氮物质是鱼缸内主要的污染源，可经由过滤器滤材里的异养菌分解产生氨（对鱼毒性最高），氨经由硝化菌转为亚硝酸盐（NO_2，对鱼毒性次高），亚硝酸盐再经由硝化菌转为相对安全的硝酸盐（NO_3，对鱼毒性很低），但硝酸盐长期在鱼缸内维持高浓度总是不好，因此建议还是要定期给鱼缸换水，以保持良好的鱼只生存环境。

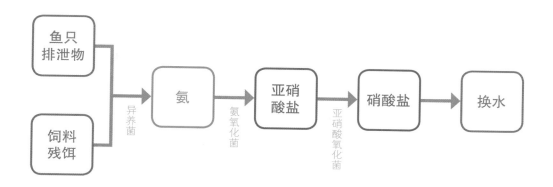

氨氧化菌和亚硝酸氧化菌合称硝化菌

一个完整健全的硝化系统的建立，往往需要三四周甚至更久的时间（有些菌种生成速度较慢），除了一开始设立新缸时可以添加硝化菌，以加快开缸速度，后续换水、滤材变更与清洗完成时，也可以补充适量硝化菌，以持续维持优势有益菌。

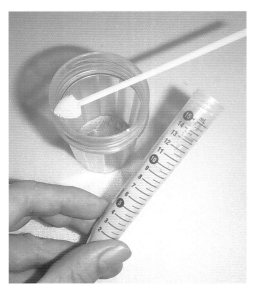

"开缸达人三相复合菌"1毫升可用于100升水量。可先将对应水量的菌粉放到一个小容器中，加入水调和并用力摇晃，以活化休眠菌种。

将调和的菌液加入鱼缸里，或直接倒入过滤器滤材区。

　　使用硝化菌产品时，建议按照说明书上的用法与用量取用，切勿以为添加更多会更好，过量使用反而会导致反效果。若有使用杀菌灯、臭氧机之类的杀菌、杀藻设备，建议先关闭这些设备。

　　"开缸达人三相复合菌"1毫升可用于100升水量。可先将对应水量的菌粉放到一个小容器中，加入水调和并用力摇晃，以活化休眠菌种。

　　若想持续维护鱼缸内健全的系统，尤其亚硝酸盐过高要快速降低时，可以使用护缸类产品，以维持鱼缸内有益菌菌群稳定。例如，硝化菌产品"护缸达人活力菌粉"，主要成分为异养菌、硝化菌、光合菌及多种分解酶。

　　硝化系统的长期稳定，跟过滤器的过滤模式、水流通过方式、滤材面积等因素息息相关，所以过滤与硝化系统的日常检查及定期维护，也就成为鱼缸环境管理的重要内容。

4-4 喂食饵料

金鱼需要的基本营养素有：蛋白质、脂质（脂肪）、淀粉（碳水化合物）、矿物质、维生素。由于金鱼属于杂食性的鱼类，动物性或植物性的饵料都能够摄取并消化吸收，但如果要喂食便利，则可以采用人工饲料。

1. 动物性饵料

● 丰年虾

通常是购买市售的耐久卵，将卵放在约3％盐分的水中打气1天左右，即会孵化出丰年虾（无节幼虫，营养价值高），使用绿水（藻类多的水体）或酵母粉等方式提供营养，但刚孵化时体型很小（体长400～600微米），只适合做金鱼鱼苗饵料，养大的丰年虾成体（约1厘米）营养价值较低，不适合当作中大型金鱼主食。

● 水蚤

可在市面上购得蚤种活体自行繁殖，较常见的有圆蚤、米蚤，水蚤体小（2~3毫米），使用绿水（藻类多的水体）或酵母粉等方式提供营养，也比较适合做金鱼鱼苗饵料。

● 红虫

红虫又称为丝蚯蚓，在有机质高（半污染）的水里可以看到，身体呈丝状，长度约1厘米，在水里成群聚状，死亡后呈软烂的腥臭稠状物。由于容易死亡，较难制作冷冻虫块，一般购买活体后放置在水中可存活较长时间。使用流水清洗干净后喂食金鱼，营养成分高，对于有头瘤金鱼的头瘤发育有帮助，但含病菌的概率较高。

● 赤虫

赤虫又称为血虫，是摇蚊在水中的幼体，身体呈鲜

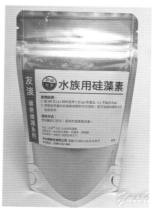

此图由友浚生技提供，为水族用硅藻素，这款产品还多了改善硅藻素过量而产生的消化不良问题。

红色，体形比丝蚯蚓粗很多，营养成分高，对于要发育头瘤的金鱼有帮助，但含病菌的概率较高，需清洗消毒后喂食或者直接购买来源较干净消毒过的冷冻红虫块。

若有喂食动物性的活体饵料，难免就有让金鱼增加感染体内寄生虫的概率，可以在喂食人工饵料时混入硅藻素。灰白色的硅藻素分子颗粒极小，且布满尖刺，使用时可以混在饵料内，经由投饵来杀除鱼只体内的寄生虫（硅藻素微细尖刺可划破寄生虫体表），既不会产生抗药性或对鱼缸产生污染，也不会对鱼的肝、肾、鳃等器官产生伤害。

2. 植物性饵料

植物性饵料比较不适合当作金鱼主食，适合当作补充副食。

● 浮萍
浮萍也称为青萍，具有丰富的纤维素与植物性蛋白，有助于金鱼肠子蠕动，可浮在水面上供金鱼啄食。可以将鱼缸内换下来的旧水，加上鱼只排泄物，放在有阳光照射的环境中，取一点浮萍就可以自行大量繁殖。

● 仁丹藻
虽名称中有"藻"字，其实也是浮萍类，也称为无根萍、卵萍，营养成分比浮萍更高，但由于体积较小，建议喂食时关掉过滤器，免得吸入过多仁丹藻造成过滤棉堵塞，或者将仁丹藻放在水上浮圈内供金鱼啄食，繁殖方式跟浮萍一样。

● 蓝藻
蓝藻又称为蓝绿藻、螺旋藻，具有蛋白质、脂肪酸、维生素、矿物质、光合色素等丰富的营养成分，并对金鱼的体色具有扬色作用。例如养殖在室内的金鱼因无法接触到阳光而导致体色不鲜艳，这时喂食蓝藻就会有帮助。但市面上多半做成蓝藻粉之类的产品，通常属于补充添加食品，或作为人工饵料里的成分之一。

3. 人工饵料

市面上有许多厂商制造各式人工饵料可供选择，各品牌饵料有不同的成分配方，算是一种方便、安全、营养的金鱼饵食来源，饵料可分成悬浮饵料、漂浮饵料、缓沉饵料、沉底饵料，有粉状、薄片状等形态。建议使用沉底（或缓沉）饵

此图由宗洋水族提供，为tetra兰寿金鱼饲料。是为肉瘤系金鱼专门调配的配方，为下沉性小颗粒，小型金鱼也能食用。其中添加了特选蓝藻、胡萝卜素等，能增加体色；添加了Omega-3脂肪酸，有利于增强鱼的活力与健康。

此图由宗洋水族提供，为西肯蒜精食欲促进剂。

此图由宗洋水族提供，为金鱼能量矿物盐，内含金鱼所需微量元素、矿物质、综合维生素，可提升金鱼免疫力。

料。沉底饲料因为密度高而比较结实，即使浸泡到水里一段时间，膨胀率也低。尤其对于短胖圆的金鱼品种，若喂食膨胀率高的饲料，饲料在鱼肠里膨胀，可能使金鱼失去平衡，翻肚栽头。

研究资料显示，大蒜中的天然活性萃取物"大蒜素"有抗氧化的特性，已被证实有益健康，可抵抗寄生虫疾病及增强免疫力。如果觉得自己挤压大蒜汁麻烦又不好保存，市面上已经有厂商制作包含大蒜素成分的饲料，或者购买市售大蒜精液体，浸泡饲料后再喂食。

许多刚开始饲养金鱼的鱼友很喜欢问金鱼要多久喂一次、喂食量多寡。这要看目的，想要养大就要多喂食，例如一天喂食3~4次，每次喂食的量以3～5分钟内食用完毕为度。如果鱼缸水体小、鱼密度过高、过滤系统不足时，喂食多，但鱼又受限于水体太小难以长较大，此时喂多拉多，只会让水质加速败坏。一般中、大型金鱼，若只是想维持体态不强求成长，可以一天一餐，偶尔补充维生素等营养品即可，若观察一段时间发现鱼变瘦了，再适当增加喂食即可。

有的家庭由于没有规划好家里由谁喂金鱼，导致爸爸喂了，妈妈也喂，哥哥再喂，妹妹又喂，导致过滤与硝化系统无法负担这样的喂食量，鱼缸水质迅速恶化，最终整缸倒缸（鱼只死伤），所以建议由固定的人在固定时段喂固定饵料，这样才是饲养金鱼比较好的方式。

4-5 购买新鱼注意事项

在鱼店购鱼，尤其是刚进口的金鱼，更要注意挑选，以免挑到状况不好的病鱼。

1. 鱼只存在缺陷

● 鱼只歪嘴：嘴内不规则凹陷，类似人类的兔唇（唇颚裂）。

● 鱼鳍问题：缺胸鳍，缺腹鳍，臀鳍往上凸出高过尾鳍（影响泳姿，不美观），折鳍折尾（骨头不正常，上折或下折），各鳍出现不规则增生物，背鳍第一根骨头断裂（无法修复或要花很长时间修复），背鳍不端正挺立，某鳍骨严重破裂，尾鳍骨头歪斜（歪尾），尾柄（筒）过高（鱼容易翻覆），尾柄（筒）不正（造成两侧高低尾），鳍萎缩至特别短小。

臀鳍往上凸出高过尾鳍，影响鱼只泳姿，视觉欣赏也不佳。

● 眼睛问题：缺眼睛，眼眶异常大或小，头瘤盖住眼睛，白内障，两眼不对称（大小眼），眼睛一高一低（高低眼）。

● 身形缺陷：俯视时两边腹部大小明显不一样，俯视时鱼只背骨不正（类似人的脊椎侧弯），背幅不佳或不正常凹凸，身体不正常增生物（异常肿瘤），身形比例过度夸张（头大体短，过度不正常）。

● 鱼鳃问题：鳃盖闭合不全或鳃盖外翻。

● 鳞片问题：严重掉鳞或鳞片翻立（有可能是立鳞病）。

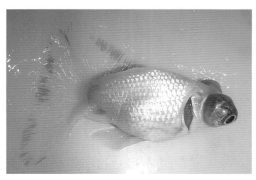

右侧鳃盖闭合不全与鳃盖外翻的白长尾龙睛。

尾鳍一边有部分往上折尾的瑕疵。

单臀鳍在有些繁殖者眼中是不好的遗传基因，但以爱好者的欣赏角度来看，臀鳍通常被覆盖在尾鳍下，单臀鳍比较少见，事实上有些个体漂亮的金鱼，往往都是单臀鳍，因此原因而错过有点可惜。

2. 品种特征不明显

- 俯视型金鱼尾张不佳。
- 俯视型有头瘤类金鱼头型不方正、吻端（目先）不明显。
- 侧视型金鱼背鳍不挺立。
- 侧视型宽尾类金鱼尾鳍不挺翘。
- 侧视型蛋种金鱼背幅有突刺或凹凸。
- 侧视型兰寿背幅曲线不佳。
- 头瘤类的金鱼头瘤过小、不发达。
- 凸眼龙睛、朝天眼类的金鱼眼睛不够大，不够明显。
- 绣球类金鱼的绣球不够明显。
- 水泡类金鱼的水泡不够明显。
- 珠鳞类金鱼身上鳞片不够明显。

3. 花色

- 红白、五花、樱花等花色，鱼体两侧花色差异过大、不平均。
- 丹顶、玉印花色没有端正置中于头顶。

● 尾鳍花色不平均，例如左边尾鳍有红色纹路，右边尾鳍为白色没有纹路。

4. 鱼只活力、健康情况

● 被其他鱼只攻击，有可能是鱼本身不健康、有异味造成被攻击。

● 鱼只体表受伤。

● 鱼只摩擦缸底或明显看到寄生虫。

● 鱼只沉底，身体歪斜。

● 鱼只呆滞。

● 鱼只无力地漂浮在水面上。

● 鱼只翻肚漂浮在水面上。

● 鱼只呈现头下尾上的栽头状况。

● 鱼只长时间躲在边缘角落。

● 鱼只肛门红肿。

● 鱼鳃颜色不正常，例如鳃盖内原本应该是鲜红色，却变成苍白或有白斑点之类的异常，或是烂鳃（鳃丝缺损）。

● 鱼只缩鳍。

5. 鱼缸状况

● 鱼缸下药或有特殊水色。

● 鱼缸水质白浊，水面气泡不散。

● 缸内水气味腥臭。

● 缸内有死鱼。

6. 在鱼店购买时还需留意的事

● 信誉良好的店家，应该诚实告知鱼况。

● 刚养金鱼比较没有经验时，可询问店家哪些鱼种比较好饲养，先以能养得活、养得顺利为主，未来再逐步挑战饲育难度较高的品种。

● 观察店家鱼只设备管理状况，遇到疑问，主动询问店家，听听店家回应是否专业合理。

● 对于新进鱼只，可询问店家已做哪些处理。

● 可询问店家鱼只平常的状况与喂食频率等，当作饲养时参考。

● 店家售后服务，后续鱼只有疑问时，能否给予适当建议。

● 不要因为店家游说或优惠组合活动（可能里面还有一些是自己不喜欢的品种），一次购买过多鱼只入同一缸，尤其是新设缸，缸内硝化系统可能无法一次负担太多鱼只的污染量。

7. 新鱼入缸

购买鱼只回去后，无论是放到检疫缸或是正常饲养主缸，都要对温对水，让鱼只能循序渐进适应新环境。

● 对温对水第一种方式。装鱼的塑料袋（鱼袋）先不拆开，将整袋浸泡在鱼缸内；等过约半个小时以上，当袋内水温与缸内水温接近时拆开袋子，将袋内水倒掉三分之一，舀原缸水补足袋内三分之一水，再将鱼袋使用夹子等方式固定在鱼缸边缘；过5~10分钟（若间隔较久，建议用打气风管通入袋里水中打气），接着将袋内水再倒掉三分之一，继续舀缸内水补足袋内三分之一水。如此反复做3次，即可将鱼直接抓出放到缸内，袋内的水丢弃不要入缸，（尤其鱼袋内水含药水时，不要入缸以免破坏硝化系统。

● 对温对水第二种方式。若要让鱼只更缓慢地适应新环境，回去后找个小水盆或其他可装水的容器，将鱼袋直接打开，连鱼一起倒入水盆中，水盆中保留原袋水一半，旁边放上滴流桶（换水桶），滴流桶内舀入缸内水后使用很缓慢的滴流方式，期间打气风管可通入盆中打气，如此即可安心地慢慢对温对水。等水盆里水快满时，再将盆中水舀走一半，继续滴流满这一半水后，即可将鱼只抓出放到鱼缸里。

新鱼入缸后，建议等24小时后再少量喂食（鱼只刚到新环境就喂食不妥）。

8. 购买回家应检疫

购鱼后，比较保险的做法是对新进鱼只进行隔离检疫，可以避免新进鱼只把病原带到鱼缸里，感染到鱼缸里的旧鱼只，这就需要额外的检疫缸。

● 购买塑料桶当作检疫缸，加个外挂过滤器或单层的上部过滤器，过滤器里面只要放过滤的白棉或羊毛绒。因为若要下药会破坏硝化系统，所以没有必要放陶瓷环等培菌滤材，可以再放个打气机增加供氧。

● 加0.3%浓度粗盐，隔天再增加0.2%浓度粗盐，整缸累加到0.5%粗盐浓度，或添加鱼病用药（详见下一小节说明）。

- 检疫期间为避免影响水质，鱼先禁食或检疫后期再少量喂食。
- 观察一段时间，鱼只无异状，再对温对水放入正常饲养主缸里。
- 正规金鱼检疫期需三四周时间，但一般鱼友可只做一周左右的基础检疫即可，如果有按照上述方式挑选新鱼，买到病鱼的概率已较低。一周检疫期间，可换一两次一半水并下不同阶段的药水。

有些鱼友的检疫缸是设备非常简陋的简易缸，导致新进鱼只紧迫、水质差，反而造成更多额外的状况与问题，所以检疫缸还是设备完整一些好。

4-6 常见疾病与状况排除

本节将介绍一些金鱼常见疾病与基本状况排除方法（附加鱼病合理用药介绍）。

首先，要有个概念，"是药三分毒"，多数鱼病用药也具有毒性。要把药量控制在可以杀死病菌而鱼仍存活，长时间让鱼只浸泡在药水内并不是正确的方式，鱼只有可能慢性中毒或降低免疫力。除了养成日常对鱼缸进行清洁与固定换水等基本管理习惯之外，若能事先观察预防会更好（例如新进鱼只的检疫与观察）。只要维持好水质，很多状况无需用药鱼只就可自愈。例如金鱼体表或鳍有些许泛红血丝，通常是水质过酸或鱼只紧迫造成，只要通过换水、调整过滤与硝化系统，即可解决问题。

在养金鱼时，可以妙用盐。盐的主要成分为氯化钠，金鱼若有些不适或小状况，盐浴是个温和、安全又简单的方法。建议使用粗盐，即海水直接晒干的没有加工过的海盐，不要使用供人食用的精盐（因为含碘，对鱼不好）。

一般鱼只刚到新环境中有紧迫现象，鱼只发生小状况时，可以先下一定量的粗盐到缸内，让其慢慢溶解，使缸内粗盐浓度为0.3%，或在其他容器另行加水溶解后采用滴流方式入缸，等过半天到1天左右，再补上一定量的粗盐到缸内让其慢慢溶解，使缸内粗盐浓度为0.5%。

2尺标准缸实际水体（非满水位）约可装60升水量，要下的粗盐量见下表。

粗盐在60升水里的浓度	使用粗盐量
0.2%	120克
0.3%	180克
0.5%	300克
1%	600克
2%	1200克（1.2千克）
3%	1800克（1.8千克）

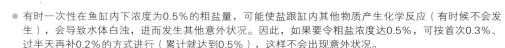

● 有时一次性在鱼缸内下浓度为0.5%的粗盐量，可能使盐跟缸内其他物质产生化学反应（有时候不会发生），会导致水体白浊，进而发生其他意外状况。因此，如果要令粗盐浓度达0.5%，可按首次0.3%、过半天再补0.2%的方式进行（累计就达到0.5%），这样不会出现意外状况。

最常用的粗盐浓度是0.5%，在此浓度里，金鱼体内的渗透压与水趋于一致，金鱼身体负担较轻，可以有更多体力去对抗病菌，同时一定浓度的粗盐水也可让部分病菌脱水而亡。缸内金鱼若发生小状况时，笔者常常做的处置是视状况慢慢换部分新水后，加粗盐至浓度为0.5%，并加纳米银溶液。这两者不算药，下在原缸中不破坏硝化系统，使用上也较为安全不伤鱼，没有抗药性等问题。

有的鱼友怕金鱼出状况，长年将鱼缸保持在0.5%的盐分浓度，但其实不建议这样做。这就好比我们人平常没事，不会为了预防感冒就先吃感冒药一样，所以平常没事不用加粗盐。如果有其他矿物盐等产品因为有其他营养元素，可一段时间适度加一些。只有鱼只出状况时，方才使用盐浴以调整渗透压。

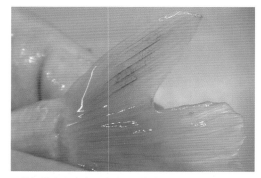

尾鳍轻微充血发炎，在原缸里加粗盐至浓度0.5%，并加纳米银溶液，便可解决问题。

金鱼可以较长时间活在0.8%左右浓度的盐水里，有时为了治疗某些病症，可以让金鱼短时间（半个小时内）浸泡在1%~3%浓度的盐水里。

金鱼会面临的疾病，主要是细菌、病毒、真菌、寄生虫、藻所造成，以下叙述一些常见的金鱼疾病及应对方式。

1. 水伤

有些店家会以鱼体产生部分黑色而谎称为特殊色，其实这是水伤，又称为"黑死病"，为鱼体表面黏膜受损。换水，清洗滤材，维持好水质，维持鱼缸清洁后，有助于鱼只慢慢恢复，可加粗盐至0.5%浓度及纳米银溶液做辅助。

软鳞的大陆兰寿出现水伤，身体出现黑色，看上去感觉脏脏的。

同一只兰寿，经过一段时间的水质调整与休养，黑色的水伤已经完全去除。

2. 白点病

相当于人的感冒，主要是温度落差大时容易患病，例如办公室小鱼缸养金鱼，上班开空调很冷，下班关空调很闷热，温度变化快，就容易出现白点病。

主要是小瓜虫（白点原虫）造成的。若在原缸治疗，可慢慢换一半水，

患了白点病的元宝狮，通常白点先从鱼鳍开始出现。

🐟 小贴士

鱼生病三要素：病原、环境、免疫力。纵使病原减少但环境不佳或免疫力下降，还是会生病，所以平时要维护好环境，给予足够营养的食物，不定期补充维生素等微量元素。记住大蒜素也可以增强免疫力。

让水中小瓜虫减少一半，逐渐升温（例如半天调升2℃）并保持30℃恒温，下粗盐至0.5%浓度并禁食。前两天可能白点反而会增多，这是因为升温加快小瓜虫生长周期造成的，通常四五天可以看到改善。如果超过一周仍无法改善甚至恶化，表示使用粗盐效果不彰，可将病鱼抓出，放到专门的治疗缸（温度维持30℃）中，或使用含亚甲基蓝成分的药物治疗。

此图由宗洋水族提供，为粉状药品"霉点避"，包含亚甲基蓝成分，可治疗白点病、水霉病与细菌性感染，属于综合性用药。

患水霉病的鱼，头部腐烂并出现白色棉絮物覆盖其上。

3. 水霉病

又称为"白毛病""白棉病"，病鱼体表出现白色棉絮状菌丝，身体的一部分会腐烂掉落，鳍也会破裂，严重时会扩散到全身，破坏皮肤致死，属于真菌感染。可尝试每天1~2次半个小时内浸泡2%~3%浓度粗盐水，或使用霉点避药品。

4. 白云病

又称为"嗜睡症"，是因卵圆鞭毛虫寄生导致。病鱼身体会出现如丝棉般的一层白膜，且食欲不振，不太爱动，呈昏睡状。可尝试每天1~2次半个小时内浸泡2%~3%浓度粗盐水，或使用含治疗鞭毛虫成分的药物。

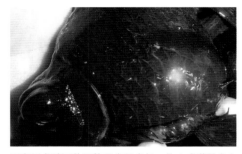

黑宽尾龙睛因体黑较易发现病征，使人感觉罹患白云病的概率较其他鱼种大。

此图由宗洋水族提供，为锭状药品"克原虫"，对治疗鞭毛虫、嗜睡症、体内虫、腹水等有不错的效果。

5. 体内虫

金鱼若有体内虫（较常见的是六鞭毛虫），常见的特征是拉白便，这种白便通常比较细，两端较尖，两端或一端特别白，鱼体也会日渐消瘦、两颊凹陷（类似人皮包骨的骷髅样），腹部变得空扁。

体内虫通常不会很快致命，若鱼只还有索食意愿，可在饲料里加上水族用硅藻素来进行处理，若有喂食动物性饵料（活体）给金鱼吃时，硅藻素还有预防体内虫的效果。

也可以使用锭状药品"克原虫"进行治疗。

6. 体外虫

金鱼常见的体外寄生虫主要有两种，为锚虫（箭虫）与鱼虱。金鱼被寄生后，造成营养不足、虚弱，伤口可能导致细菌性感染。

锚虫体色为白色或灰白色，身体呈长条状，头部有刺勾插入鱼体，若数量不多，可使用镊子将锚虫垂直拔出（不要让虫体断在鱼体内，容易导致发炎），并将伤口抹上优碘，如此反复多天耐心检查，处理干净。

蓝框里突起的白色长条物为锚虫，鱼嘴附近有红色发炎的部分，是之前拔除锚虫留下的伤口，可抹药治疗。

鱼虱外观为扁平圆盘状，颜色为棕灰色，若数量不多时，可使用镊子将鱼虱夹除，如有伤口，可抹上优碘，如此反复多天耐心检查，处理干净。

此图由宗洋水族提供，为颗粒剂药品"除虫灵"。针对金鱼或锦鲤类的观赏鱼，可驱除锚虫、鱼虱等体外虫，以及治疗因虫导致的外伤。

7. 头部白脓

头部白脓，又称为小白脓，通常为病毒感染造成的淋巴囊肿（脓包），常出现在头瘤发达的金鱼头部。若不严重，清洗滤材，维持好环境、水质，有可能使之消失，或是进行0.5%浓度盐水浴并慢慢升温到30℃，几天内症状可改善消失。

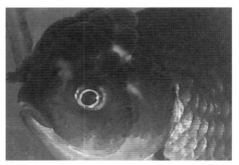

狮头金鱼头部肉瘤处有白脓。

8. 体表受伤、烂头、烂尾、细菌性感染

细菌性感染造成的伤口是金鱼很常见的问题，若伤口不大，可加粗盐至浓度为0.5%，并加纳米银溶液进行治疗，亦可使用粉状药品"鱼肤宁"。

此图由宗洋水族提供，为粉状药品"鱼肤宁"，主要治疗细菌性感染。

头瘤发达的狮头，瘤之间的皱褶容易藏污纳垢，造成烂头发炎，可以将鱼抓出来，使用卫生纸或棉花棒给伤口清创（就好像人受伤先将脓去除再抹药）。

清创完擦干伤口，用优碘抹在伤口上进行消毒治疗。

9. 鳃病

细菌与原虫都有可能造成鳃病，可尝试每天进行1~2次半小时内1%～3%浓度的盐水浴，液状药品"白霉舒"对烂鳃病有治疗效果，也可以尝试搭配粉状药品"鱼肤宁"做治疗。

鱼鳃呈现白色，有点严重，要尽快治疗。

鱼鳃呈现惨白色且右边烂鳃，为非常严重的鳃病末期，已导致鱼只死亡。

10. 穿孔病

这是细菌（产气单胞菌）感染导致体表穿孔的疾病，鱼体会出现一处或多处发红发炎区域，范围会逐渐扩大，造成鳞片脱落，露出鳞片下真皮，并演变成穿孔现象。可尝试每天进行1~2次半个小时内1%～2%浓度盐水浴。

身患多处穿孔病的蝶尾龙睛。

此图由宗洋水族提供，为液状药品"治菌能"，对产气单胞菌引起的穿孔病有治疗效果。

11. 肠炎

肠炎的特征是鱼只肛门红肿胀大，甚至流出血丝，若由产气单胞菌造成的肠炎，可以尝试使用液状药品"治菌能"治疗。

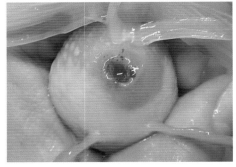

肠炎末期，肛门非常红肿。

12. 眼睛白蒙

金鱼眼睛原本应该有透明的水晶体，若鱼眼表面出现白蒙模糊的现象，可尝试使用含有四环素成分的眼药膏。将鱼抓出后眼睛用卫生纸稍加擦干，抹上眼药膏（每日1~2次），观察几天是否有改善。

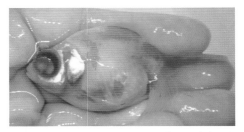

鱼眼白蒙状况很严重，若不处理，有可能变成白内障，就无法治愈了。

13. 立鳞病

立鳞可分成局部性立鳞与全身性立鳞，局部性立鳞治愈概率较高。将立鳞部位用卫生纸或棉花棒进行清创擦干（鱼鳞有可能因此被部分刮掉），抹上优碘（每天1~2次），再放回0.3%～0.5%浓度盐水中进行盐水浴，并搭配粉状药品"鱼肤宁"治疗，观察几日看看是否有改善。

全身性立鳞通常是因为腹水造成的，比较高的概率是细菌性问题。鱼腹因发炎，导致过多液体累积在腹腔中，造成鱼体膨胀，鱼鳞就像附着在一个越来越大的气球上，到达一定程度时，鳞片就不得不竖立起来，同时也会让鱼眼凸出。

全身性立鳞又称为"竖鳞病""松球病""松果病""松鳞病"，因为病征是导致鱼鳞竖起，就好像松果一样而得名，是一种不好治愈的鱼病，治好后复发概率也高，平常应以喂食清洁的饵食以及维护并控管好鱼缸水质为最基本的防线。

建议及早发现、及早治疗，不要等发展到松果状立鳞时才救治。平日应多观察，当发现金鱼有疑似立鳞现象时，可以将鱼抓起，以手指指腹由鱼肚逆向往鱼头方向滑过，如果感受滑滑的则没有立鳞，如果感觉滑过时有点刺刮手的触感，则几乎可确定就是立鳞病初、中期了，要利用初期的时间先抓紧治疗处理为宜。

全身性立鳞病的治疗方法为：在初中期可以尝试放到0.5%～0.8%浓度盐水中并加入纳米银溶液，同时搭配锭状药品"克原虫"来治疗。

罹患全身性立鳞病的丹顶元宝狮，整只鱼已经不成鱼样，全身鳞片竖立与双眼凸出，此阶段为立鳞末期，很难救治成功。

小贴士

● 若不能确定滑的触感是否异常，可以找鱼缸内另一只认为是健康的金鱼，摸滑对比，判别疑似病鱼是否有初期立鳞病。

● 珠鳞类的金鱼，使用上述摸滑方式触感似乎都是刺刮手感。对于此类金鱼，可以由尾巴方向的背部，以指腹摸滑到头部方向的背部，若有立鳞的珠鳞类金鱼，则会很明显感觉到特别粗糙刮手，以此判断是否有初中期立鳞。

14. 卵甲藻病

最常见藻类造成的鱼只疾病为卵甲藻病，又称为"打粉病""白鳞病"，这是一种很容易误判成白点病的病症，鱼只传染速度与死亡速度更快。治疗方式与白点病截然不同，治白点病的药无效，升温反而可能加速恶化。在水质偏酸的环境里容易出现，严重时鱼体上的白点连结成片，就像裹了一层白粉，尾鳍常呈现充血现象。

治疗方式很简单，若检测鱼缸水质过酸（pH7.0以下时），只要把pH值提升到7.5～8，即可有效又迅速地消灭卵甲藻，可以使用下列任一方式调升pH值。

- 在鱼缸内放置一包珊瑚石（骨）。
- 使用水族用pH值提升剂。
- 使用小苏打（碳酸氢钠）亦能提升pH值。

4-7 金鱼繁殖

本小节文字由繁殖达人张金振指导

金鱼产卵的数量多，但是自行繁殖能符合鉴赏标准的比例不高，如果饲养的空间已经有限，又不想花时间精力照顾小鱼与耗费眼力多次筛选小鱼，或是想直接欣赏成鱼的体形、花色、泳姿风采，则建议不考虑自行繁殖。

不过，对于完全没有繁殖经验的金鱼爱好者来说，也许可以尝试体验一下自行繁殖金鱼的乐趣，本小节将简单叙述繁殖金鱼的流程步骤以供参照。即使不打算繁殖金鱼，也还是会遇到在金鱼发情期，公鱼精液与母鱼卵排出时导致的水质败坏等问题，故仍需要了解这些情况发生时的处置方法。

1. 繁殖季节

金鱼繁殖季节为每年上半年的2~6月份。

2. 挑选繁殖用种鱼

若有繁殖计划且希望有优良种鱼，请提前规划购买或挑选适合繁殖的种鱼，至少需一公一母（三公两母的比例更好），以1岁到2岁鱼龄鱼做繁殖较佳，此时种鱼精子卵子活力好，受精率与孵化率高。

3. 收集鱼卵与受精

　　繁殖季节开始后，金鱼开始有明显的求偶现象，公鱼会追逐母鱼，跟在母鱼屁股后面，称为"追尾"。

　　若没有繁殖的打算，但已有产卵排精，就要刷缸换水，否则一旦鱼缸水质败坏严重，鱼只又容易出各类状况甚至生病。一旦换水，温度、水质不同时，金鱼受到刺激，可能再次产卵排精，再次影响水质。

　　母鱼卵排出来，遇到水就很快固化，只有在固化前能受精，因此建议需要繁殖者使用人工受精方式。

　　🅐 先挤公鱼，让水里有精子后再挤母鱼卵。

　　🅑 公鱼挤精是用指腹由鱼腹两侧推（力道要控制）。

　　🅒 母鱼挤卵是用指腹轻推鱼腹正下方往泄殖孔推（力道要控制），就会看到喷卵。

　　🅓 繁殖缸的水量要少，受精率才高。

　　🅔 挤出的母鱼卵要稍甩一下，不要让卵变成一团一团的，可以在鱼缸内铺纱网，让卵平均附着在纱网上。

小贴士

- 若只是要体验一下，种鱼的选定就不用太严谨。若要繁殖出优良率较高的后代，挑选良好体格、花色、品种特征的种鱼就很重要，且必须留意种鱼有无不良的遗传基因。
- 若公鱼数量太多，且过于兴奋，有时可能会将母鱼尾鳍咬烂，或母鱼被追逐到力气耗尽，危及生命，就需要原缸隔离或将母鱼移到别缸去。

若是裸缸饲养，由于母鱼没有可以产卵的地方，乳白（黄）色半透明的鱼卵可能会散落在缸底，产卵的母鱼与缸内其他金鱼会将这些卵啄食掉，要繁殖则需要收集鱼卵。

正在排卵的母鱼。

4. 受精卵孵化

要持续观察繁殖缸里的鱼卵状态（缸内温度需保持恒定），变成白色不透明的，是未能成功受精的死卵，需要逐一剔除以免影响水质。正常受精的鱼卵则是透明状，等1~2天，受精卵里面会出现小黑点（幼鱼眼睛）。

孵化时间需要2~7天，水温较高时，孵化时间快。孵化出来的幼鱼跟针尖差不多大，所以称之为"针仔"。过2~3天，等自身囊（卵黄）养分吸收完，才会游泳，开始觅食，此时可以喂食刚孵化的丰年虾，也可以喂食煮熟的鸡蛋蛋黄（较易破坏水质，需留意水况）。若要喂食水蚤，需等2周后。

由于孵化出来的金鱼仔鱼很小，繁殖缸不能使用过滤器，打气机输出要调小，可用细的虹吸管吸除鱼便脏污，再使用滴流桶缓慢注入除氯后的新水，建议每天滴流换水。

5. 照顾与筛选幼鱼

照顾针仔幼鱼约1个月，可以开始喂食鳗鱼粉之类的粉状饲料，或是喂食红虫、赤虫等动物性饵料（喂食活体长得快），并开始筛选、淘汰发育不良或异常的瑕疵鱼，之后饲养一段时间，视自己的需求进行第二次、第三次甚至是随时淘汰瑕疵鱼。

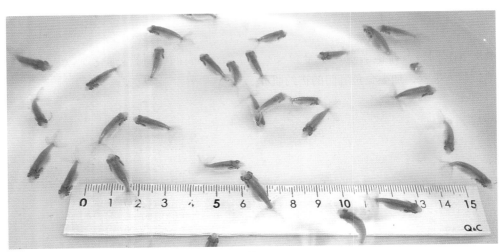

饲养约2个月，体长2~2.5厘米，尚未转色的日本兰寿黑仔。

4-8 金鱼饲养问与答

问 裸缸养金鱼时，常常在缸底看到
一颗颗白色像细沙石样坚硬的东西，那是什么？

答： 如果确认不是滤材里沙石脱落崩解的细屑，比较大的可能是金鱼牙齿。金鱼的牙齿不是长在口腔里，而是长在更后面的咽喉内且有两排，称为"咽喉齿"，也简称为"咽牙"。当一颗咽喉齿脱落时，会有另一颗咽喉齿生长补上进行取代，所以有时候我们在缸底看到小小一颗白色硬硬的像细沙石的东西，就有可能是金鱼脱落的咽喉齿。

金鱼进食时，是采用吸的方式让饵食进入口腔内，再通过咽喉齿将食物磨碎。当食物过大不易磨碎时，金鱼会将食物吐出，再进行一次吞食与磨碎的动作，所以若看到金鱼反复吞吐食物，也不要太诧异，这是正常的现象。

问 为什么常常看到金鱼拖着粪便？是鱼本身有问题吗？

答： 金鱼体内没有胃只有肠，消化路径从口腔开始，经过咽喉、食管、肠道，最后到肛门进行排泄。也由于金鱼没有胃，无法储存食物慢慢消化所以常感到饥饿想不断进食，加上金鱼肛门的扩约肌不太发达，所以我们常常可以看到金鱼拖着粪便到处游的情况，这是正常的现象。

同缸内的金鱼被欺负啄伤怎么办？
金鱼要怎样混养？

答：可使用本书4-2小节中提到的水族隔离设备，将被欺负的金鱼原缸隔离，被啄的外伤，可以清创后抹上优碘。刚到新环境的新鱼，有时候会被攻击或是反过来攻击原缸旧鱼，此时原缸隔离其中一方，过2~3天后再放出来，这种欺负攻击的行为就会停止，但放出后需要密切观察，若仍有激烈攻击行为，还要分缸饲养。

不同品种金鱼若要混养，除了体型差异不要过大之外，建议短尾与长尾品种最大与最小尺寸不要超过6厘米。若两只都是短尾或都是长尾品种，则建议大小落差不要超过4厘米。

不同品种的头形、身形、尾形差异，造成了金鱼游速与竞争力上的差别，下表中将主要金鱼品种区分成强势、中等、弱势三个区段，若大小、体型相仿时，强势金鱼可以跟中等金鱼一起饲养，中等金鱼可以跟弱势金鱼一起饲养，不建议跨阶将强势金鱼与弱势金鱼一起混养，严重时弱势鱼眼睛可能被啄掉，或因泳速差异太大抢不到饲料吃，长久之后会体力衰弱造成死亡。

强中弱区分	金鱼品种
强势金鱼	以草种金鱼为主，例如玉如意、和金等，琉金类金鱼也可以归属在这个范围里
中等金鱼	以龙种金鱼与大部分的文种金鱼为主，例如长尾龙睛、蝶尾龙睛、大陆狮头、泰国狮头等
弱势金鱼	主要以蛋种金鱼为主，例如兰寿、寿星、水泡眼、朝天眼等。珠鳞虽然有背鳍，但是体表鳞片特殊且体形短圆，仍属于弱势金鱼

小贴士

慢慢观察缸内金鱼，会发现每只鱼的个性会有差异，有些是体形庞大的温和傻大个，有些是爱啄鱼的泼辣小不点，这就好比我们不同人之间，有时候个性也是各不一样。笔者曾经饲养过很爱攻击的水泡眼与兰寿（原本应该属于弱势金鱼却会主动欺负别的鱼），所以说表格里"强、中、弱"只是大致上的区分方向参考，饲主仍须在实际饲养时，多观察鱼只间彼此互动的情形，若有需要，仍得做适度的分缸调整。

我要出国一段时间，家里的金鱼没人照顾，怎么办？

答：有不少刚开始饲养或没有遇过这种状况的饲主，心疼宝贝金鱼饿肚子，故趁外出前多喂食，让金鱼吃饱一点，这是错误的观念。出国回来后，面临的可能是部分鱼只死亡甚至是整缸倒缸的惨状。因为短时间内喂食更多分量的饲料，吃多拉多超过过滤与硝化系统能负担的范围，导致水质快速败坏，鱼缸内体弱的金鱼可能因此先死亡。鱼尸腐烂被其他鱼持续啃咬，又导致排泄物增加，水质更加败坏，开始有第二只体弱鱼死亡……如此产生恶性循环，最后导致鱼只全体阵亡倒缸。

正确的做法，是先询问周遭有没有略懂水族的亲朋好友，让他们帮忙照顾金鱼（换水、喂食、清洁管理）。倘若没有适当的照顾人选，建议在外出前两天就停止喂食，在外出前一天清理过滤器，尤其是白棉、羊毛绒需更换或清洗，以防止长时间人不在造成堵塞，导致水溢流到外面，并且慢慢换一半新水。

其实健康状态下的金鱼，偶尔一次3~4周不进食也不会死亡，只是会消耗脂肪变得很瘦，回国后再好好喂食养胖即可。若出国超过三四周，则可以考虑在出国前往鱼缸里放置一些水草，例如莫丝、水蕴草之类的，可供饥饿的金鱼啃食。水草带来的污染量较小，也不像饲料味道那么吸引金鱼狂吃，因此可以维持一段时间。也可以同时放一些较难啃食的水草（例如小榕），留待金鱼后期没东西吃时，能再啃食稍微充饥。

小贴士

可能有鱼友会想到要安装自动喂食机，但若出国这段时间污染量仍超过系统负担，还是有可能导致危险的。

一个鱼缸（例如2尺标准缸）
最多可以养多少只金鱼？很多水族店家都密集饲养，
为何他们可以，我这样养就不行？

答：这个问题常常很多人问，却没有一个标准答案或计算公式。因为变动因素太多。例如：多久换一次水，每次换多少比例的水，水有无经过处理，喂食频率，每次喂食多寡，喂食饵料种类与内含营养成分，鱼只尺寸（同样长的短尾与长尾金鱼大小差很多），鱼只体形，过滤器形态，滤材性质，过滤培菌面积，硝化系统健全度，品种泳速与强弱势等，在这些变因没有厘清的情况下，很难计算出饲养上限数。金鱼是观赏鱼，建议给予较适当、宽敞的空间，鱼只也不会因为空间不足而产生紧迫现象。

在寸土寸金的大都市，可用的空间有限，鱼店自然只能高密度饲养并进行销售。能高密度养殖，除了具备较多相关专业知识与控制喂食量之外，过滤与硝化系统的配置通常也有玄机。例如看似每缸没有或仅有很简陋的过滤设备，也许隐藏在底下的是共用的很大面积的底部过滤系统，以及配置有快排脏污、杀菌灯等强大设备，或是整天观察水况、不定时多次换水与吸除鱼便。一般上班与住家环境里，很难有那么多时间换水与随时观察鱼况并进行调整，所以购买者往往只看到店家透亮鱼缸里塞满许多鱼而心生羡慕，而忽略了其背后付出的时间与努力。

問 我鱼缸里的金鱼为何都养不大，养不漂亮？

答：这个问题要分成几个层面来说。很多饲养者由于购买预算或饲养空间的限制，喜欢挑买小鱼，又希望小鱼有像成鱼的体态表现，所以尽量想办法挑选头瘤发达、品种特征突出的小鱼。但这些小鱼就已长得像成鱼，比较高的概率是俗称的"石头鱼"，也就是过早地发育了头瘤等处，或是之前一批大鱼里面长不大被分到小鱼区，这类金鱼未来的成长幅度较为有限。

鱼场在筛选鱼只时，自然是把品相较差、发育不良的小鱼筛选出来贩售，所以小金鱼里找到漂亮的概率自然要比高单价成鱼低。

若购买的已经是较大型的金鱼，则有可能是已过了其生长发育期的（例如3岁鱼），自然也很难再养大。

鱼养不大还有一个可能，就是受水体大小的限制，环境空间小，会影响鱼只成长。也许您觉得自己的鱼缸很大，但若跟繁殖的鱼场比，就能了解水量有多大的差异。鱼场里即使是较小的水泥池，其水量都是以吨为单位计算的，若是传统土池，水量就更大了，加上通常又是绿水饲养，鱼只可以随时补充绿藻，有助于体色艳丽与营养补充，同时阳光照射也会有助扬色；抽地下水之类的水源，并常常换水，新水可刺激鱼只生长；大量喂食动物性蛋白等营养；水温与水质变化也小。在这样广大的水体空间与众多有利生长的条件下，辅以每日喂食多餐，往往只要六七个月，就能够把长尾类金鱼养到16~17厘米，这种成长速度，是室内小水体缸子很难达到的。

快速养大是繁殖场的责任，在我们有限的鱼缸水体空间里，能够维持鱼只的生命与健康漂亮才是第一要务，养大是其次的。例如在2尺标准缸里，放入1只5厘米的短尾琉金，若营养充足，可能2个月就可以长到7~8厘米，再2个月就可以长到9~10厘米，但是会发现成长速度越来越慢（一样提供足够营养），可能要很久（甚至无法）才能养到超过12厘米以上，这通常就是水体限制所导致的。至于要养得漂亮，本书前面章节介绍的饲养设备、pH缓冲剂、蒜精食欲促进剂、能量矿物盐、蓝藻粉等，都能创造有利的水质环境，再配合补充多元矿物质与维生素等各种营养，自然就容易养出健康有活力又漂亮的金鱼了。

小贴士

打个比方来说，小学坐您旁边的同学，当时比你高壮，但到大学再碰到他时，可能你长得比他要来得更高大，这可能就是那位同学之前较早发育所造成。

再打个比方来说，1个人住10平方米跟1个人住100平方米，虽一样都可以存活，但是后者的生活品质比较好。相同的道理，鱼只在小水体环境里，运动空间不足，也没有那么多有利的生长条件，相对也较容易产生紧迫，除非遇到天赋异禀的个体（笔者有遇过几次小鱼在小水体还能蛮快长大的经验，但属于少数特例），否则要想快速养大养漂亮，实属不易。

金鱼可以户外露天饲养吗？
如果有水草植物，是不是就不用打气供氧呢？

答：鱼场的金鱼很多都是露天饲养，如果是住家要在阳台或院子露天饲养，在不使用打气机与过滤器的情况下，建议养殖的鱼缸容器高度低一些，即水浅但水面接触空气的面积大，金鱼数量少且小只些，即在养得稀疏的情况下就可以。植物需要在有光线情况下才能行光合作用，吸收二氧化碳，释放出氧气，晚间光线暗时，植物仍会跟鱼争夺氧气。

因此，若要养多只或大一些的金鱼，还是需要安装打气机。过滤器则不见得要放置，可以依赖一段时间换水来排除水中有害物质。如果鱼缸容器里有沙土，也会有培菌效果。

露天饲养需要留意是否有部分遮蔽物，避免阳光长时间直射（毕竟水体有限，长时间阳光直射会让鱼缸温度落差大，不利于金鱼生存），也要避免下大雨甚至是暴雨时让水质水温瞬间变化过大。还要留意是否有鸟类或猫偷吃金鱼，可以在鱼缸上铺设隔离网等设备进行预防。

 4-9 相关网站

名称	网址	说明
创意眼金鱼坊	https://www.买金鱼.tw http://www.buygoldfish.tw	本书作者经营的金鱼网站，书中金鱼照多为创意眼金鱼坊店内所拍摄
宗洋水族有限公司	https://www.tzong-yang.com.tw	本书多数器材图片感谢宗洋水族提供
友浚生技	https://yougin.pixnet.net	本书4-2中"使用滤材"、4-3"认识硝化系统"的内容，感谢友浚生技提供专业知识指导与部分图片
金鱼快讯部落格 Goldfish message blog	http://goldfishmessage.blogspot.com	本书部分鱼只照片，感谢金鱼快讯部落格提供

图字号13-2020-024

中文简体版通过成都天鸢文化传播有限公司代理，经城邦文化事业股份有限公司PCuSER电脑人出版事业部/创意市集出版社授权大陆独家出版发行，非经书面同意，不得以任何形式，任意重制转载。本著作限于大陆地区发行。

图书在版编目（CIP）数据

金鱼事典：认识、饲养、观赏金鱼 / 苏东伟著. —福州：福建科学技术出版社，2020.8
ISBN 978-7-5335-6161-1

Ⅰ.①金… Ⅱ.①苏… Ⅲ.①金鱼－鱼类养殖②金鱼－鉴赏 Ⅳ.①S965.811

中国版本图书馆CIP数据核字（2020）第087939号

书　　名	金鱼事典：认识、饲养、观赏金鱼
著　　者	苏东伟
出版发行	福建科学技术出版社
社　　址	福州市东水路76号（邮编350001）
网　　址	www.fjstp.com
经　　销	福建新华发行（集团）有限责任公司
印　　刷	福建省地质印刷厂
开　　本	700毫米×1000毫米　1/16
印　　张	11.5
图　　文	184码
版　　次	2020年8月第1版
印　　次	2020年8月第1次印刷
书　　号	ISBN 978-7-5335-6161-1
定　　价	48.00元

书中如有印装质量问题，可直接向本社调换